量子もつれとは何か

「不確定性原理」と複数の量子を扱う量子力学

古澤　明　著

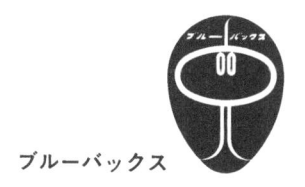

ブルーバックス

カバー装幀・章扉／芦澤泰偉・児崎雅淑
カバー・章扉イラスト／村越昭彦
本文図版・目次／さくら工芸社

はじめに

筆者は以前『量子テレポーテーション』というタイトルで、ブルーバックスから量子力学を解説した本を出した。ただ、当時は若かったため（？）、難しい部分に差し掛かると、「量子力学とは理解しがたいものなので、さらに詳しいことを知りたい人は大学に行って物理を勉強してほしい」としてその場をしのいでしまった。

しかし、その後、読者の感想を聞くと、あの本の内容はあまりに難しく、「取り付く島がなかった」といった感想が多数寄せられた。つまり、「門前払い」にされたと感じた読者が多かったように思う。

そもそも、後で触れるように、このような本を書くに至った動機は、昨今の物理離れを少しでも緩和したいというものであった。したがって、「門前払い」は筆者の意図とはまるで逆となっている。

そこで、前著『量子テレポーテーション』の反省（？）から、もう少し量子力学の最前線を丁寧に解説する本があっても良いのではないかという考えに至った。ただ、世の中に量子力学の解説書は溢れているので、似たようなものを書いても意味はない。そこで、筆者の行っている「量子光学」を通じて、量子力学の最前線を語るうえでの鍵となる量子もつれ（＝量子エンタングルメント）を中心に解説しようと思う。

量子光学は、光という実体があるのかないのかわからないものを量子力学的に記述して考えていく学問である。こ

こで、「実体があるのかないのかわからない」といった理由は、電子や原子核のように質量があり粒子的な性質が強いケースに比べ、光（電磁波）は質量を持たず波動的性質が強いからである。つまり、「波」というのは単なる動きであって、実体がないように感じられるのである。

実は、量子光学はこういった理由で、長い間日の目を見なかった。電子（の運動）のみを量子化し、光は単に電磁波で量子化する必要はないという立場（半古典論）が、つい最近まで主流だったのである。その証拠に、量子光学の理論自身は、レーザー発振が実現した直後の1960年代前半に、グラウバー先生によってつくられたにもかかわらず、グラウバー先生がノーベル物理学賞を受賞したのは2005年である（ノーベル賞を取るには長生きしなければならない）。いかに量子光学が認知されるまでに時間がかかったかを如実に物語っている。

筆者のアメリカ時代のボスも量子光学実験の草分け的存在であったが、就職活動のときに、「量子光学？　何それ？」と言われて、著名な研究所からは全く相手にされなかったそうである。かくいう筆者も、大学時代には量子光学に関する講義はなく、アメリカで見よう見まねで学んだ。

ということで、今日語られている量子光学はすべて「我流」の感は否めないが、かえってそのために、今まで「正統派」量子力学研究者が避けて通っていた「観測問題」に真正面から取り組むというブレーブ（勇敢）な態度を取っている。「知らぬが仏」ということであろうか？

いずれにしても、通常の大学の物理の講義では習うこと

はじめに

のない「量子もつれ（＝量子エンタングルメント）」を用いた量子テレポーテーションが、量子光学を用いて初めて実現されたのは、このような背景があったからだと思う。そこで、本書では、量子テレポーテーションに繋がる量子力学的背景を、量子光学を用いて解説しようと思う。こうすることにより、正統派の量子力学を習ったとしても、今までイメージできなかったことが、イメージできるようになることを期待している。

特に、量子力学の本質は、後で説明する不確定性原理であるが、それから生まれてくる重ね合わせの原理は、波動では当たり前のことであるため、元々波動である光で説明するとイメージしやすいと考えられる。さらに、量子もつれ（＝量子エンタングルメント）も重ね合わせの状態であるため、波としての性質を前面に出しやすい量子光学を用いて説明することにした。

現在筆者は、大学で物理学、特に量子力学について研究し、講義をしている。大学生以上で物理学を専攻している学生にはそれなりに興味を持ってもらい、楽しんでもらっていると自負しているが、それより下の世代、つまり高校生以下の若い人にその面白さ・楽しさを十分アピールできていないのではないかと危惧している。実際、高校で物理を学ぶ人の数はものすごい勢いで減り続け、このままでは、我々大学人も「おまんまの食い上げ」となる恐れさえ出てきている。

したがって、この本の趣旨は、物理の最先端で研究・教育を行っている筆者が、その実体験を紹介することを通じ、物理の面白さ・楽しさを伝え、少しでも「物理シン

パ」を増やすことに主眼を置いている。もちろん、人が面白い・楽しいと感じるためには、やっていることをある程度理解する必要がある。そのため、物理学を専門には学んだことのない人にもある程度理解できるよう最大限の努力を払った（つもりである）。

ただし、最初から言い訳しておくが、後で述べるように量子力学そのものを完全に理解するのは不可能である。したがって、筆者らがやっていることを臨場感を持って「感じて」もらいながら、「なんだかよくわからないが、面白そう」と思ってもらえたらうれしい限りだ。

具体的には、できるだけ式を用いず、図・写真を多用した。これは、ビジュアルに訴えるのが、一般読者にとって最も情報量が多いと思ったからである。

ここでまとめとして、この本で書きたかったことを整理する。

量子力学の根幹は不確定性原理にあり、そこから重ね合わせの原理が生まれる。これを1つの量子に当てはめいろいろやってきたのが「正統派」量子力学である。ただ自然界は1つの量子ではできていないため、これには限界がある。当然の流れとして、2つ以上、つまり複数の量子が存在する量子力学が真剣に考えられ始めた。

複数の量子を扱う量子力学では、複数の量子にまたがった不確定性原理を扱う。つまり複数の量子にまたがった物理量間の不確定性関係を扱う必要が生じる。その結果、「量子もつれ＝複数の量子にまたがった物理量が複数確定している状態」が生まれた。この本でそのことが臨場感を持って感じてもらえたらとてもうれしい。

はじめに 3

序章　量子力学とは 11

不可能を可能にするテクノロジー 12

量子力学を検証する 13

量子力学の1つとしての量子光学 14

第1章　テクノロジーの進歩と量子化の必要性 19

なぜ量子化が必要なのか 20

原子に迫る観測技術 23

同時に2つの物理量は決められない 25

雲のような電子の状態 27

「不定」＝「あらゆる状態の重ね合わせ」 29

ミクロの世界での力学法則 32

第2章　振り子の量子化 33

水素原子の振り子 34

往復運動の量子化 35

エネルギーは決して0にならない 38

量子の集団の振る舞い 40

第3章　光の量子化　43

　光と振り子は等しい　44

　どの瞬間でも電場は0ではない　48

　光子という考え方はいらない?!　51

　量子は粒子であり波である？　53

第4章　レーザー光と量子ゆらぎ　57

　光をつくる準備　58

　レーザー発振＝光子の大量生成　59

　光は光子の集団　62

　エネルギーと時間の不確定性　66

第5章　量子エンタングルメント　69

　EPRのパラドックス　70

　量子のペアは存在する?!　72

　1930年代の思考実験　73

　光子の量子エンタングルメント　75

　重ね合わせだからこそ　78

　波であることの証明　82

　粒子としての性質はおまけ　85

第6章 量子光学を用いてEPRペアを生成するための準備 87

光子を波として考える 88

電磁誘導による光の放出 93

周波数2倍の光を発生 97

光子を2つに割る＝$\frac{1}{2}$倍の周波数の光を発生 101

位相を制御する 105

周波数だけの違い 112

第7章 量子光学を用いてEPRペアを生成 113

光パラメトリック過程 114

世界記録樹立が寝た子を起こす！ 116

量子光学的トリック 118

固定端反射で位相が反転 123

4分の1波長分だけ位相をずらす！ 125

まとめ 131

第8章 量子光学を用いた量子エンタングルメント検証実験 133

量子Aと量子Bを別個に測定 134

光のホモダイン測定 136

まとめ 144

第9章 単一光子状態の生成 *147*

波動の粒子化 *148*

第10章 量子テレポーテーション *153*

振幅変調か周波数変調か *154*

電気回路に量子効果を考える *158*

ラジオの世界に置き換える?! *160*

量子テレポーテーションとは *161*

基本は量子の波動としての性質 *167*

第11章 多量子間エンタングルメントと量子エラーコレクション実験 *171*

あらゆる現象にエラーは潜む *172*

量子エラーコレクションは可能か? *174*

9量子間エンタングルメント *176*

量子エラーコレクション実験 *180*

量子コンピューターの本質 *185*

おわりに *188*

さくいん *189*

序章 量子力学とは

不可能を可能にするテクノロジー

　詳しい話を始める前に、筆者が行っている量子力学について、その現状を概観してみる。量子力学は、その基本原理（ルール）については1930年代には既に完成していたといえる。したがって、21世紀の現在、何を研究するのであろうかという素朴な疑問が湧く。

　その疑問に対する答えは2つある。1つは、量子力学の成立した1930年代とは比べものにならないほど現在のテクノロジーは進歩し、当時実現不可能であったことが、現在では実現可能になってきたことである。1930年代には現在のようなコンピューターもないし、いわんやインターネットなど想像さえできなかったことからその状況は容易に理解できよう。

　それに対し、現在ではインターネット上の仮想世界まであるご時世である。1930年代の人々にとって不可能と思われていたことが、現在では容易に達成されても不思議ではない。このように物理学においても、1930年代には頭の中での実験（思考実験：Gedanken experiment）しかできなかったものが、現在のテクノロジーを用いれば現実に行うことが可能になった例は枚挙にいとまがない。量子力学はその最たる例となっている。

　ここで脱線するが、量子力学はドイツ語でつくられたため、至る所にドイツ語が入っている。Gedanken＝思考、は良い例であるが、eigen state＝固有状態、eigen value＝固有値、等たくさん残っている。筆者は大学時代、アル

序章　量子力学とは

バート・アインシュタインとニールス・ボーアの手紙でのやり取りを、ドイツ語の講義で原文で読まされた思い出がある。当時は、文学作品ではなく、全くこなれていない手紙の文章を何故読まなければならないかと、ドイツ語の先生を恨んだりしたが、今となっては先生のセンスの良さにただただ感服するのみである。教師というものがどれだけ偉いのかは後で気づくものなのであろう。

　話を元に戻そう。

　物理学とは、自然現象をモデル化し理論式で表し、そのモデル・理論式が正しいか正しくないかは実験を行って検証するものである。したがって、ある意味で量子力学の検証は最近になって可能になった部分が多数あるといえる。

　もう1つの現代の量子力学における研究課題は、基本ルール以上の定石のようなものの解明である。将棋に例えると、それぞれの駒の動かし方（歩なら1つ前に進むだけであるし、桂馬なら云々など）が基本ルールに相当し、「穴熊」「居飛車」のようなものが定石のようなものといえる。

　もちろん、「定石」は囲碁の言葉であることを重々承知してはいるが、筆者は囲碁を知らないため、将棋を例えに使ってしまった（囲碁ファンには申し訳ないことをしたと思っている）。ただ、ここでの筆者の意図は将棋の例えでも伝わったと思う。

量子力学を検証する

　当然のことであるが、基本ルール（駒の動かし方）を知っているだけでは、将棋の上級者には絶対勝てない。それ

13

は、定石のようなものを知らないからである。1930年代に完成した量子力学とは基本ルールを示しているだけで、現在でも定石のようなものは、解明が一歩一歩進んでいるに過ぎない。そのようなことが起こる理由は、1930年代に完成した量子力学では1つの量子の運動は完全に記述できるが、多数の量子が存在する複雑な系の状態を簡単に記述することができないからである。したがって、現在では、多数の量子が存在する複雑な系を、簡単な数式で記述できる適当なモデルを仮定して記述し、実験によりそのモデルを検証するということを行っている。

また、これと反対の流れとして、量子が1つしか存在しないような理想系を現在のテクノロジーを用いて強引につくり出し、モデルに頼らずダイレクトに量子力学を検証しようという流れもある（前述した現代の1つめの研究課題である）。しかし、いずれにしても我々の周りの物質は決して1つの量子で出来ているわけではないから、複雑な量子系の物理を解明していくことの重要さに変わりはない。

以上が、現在でも量子力学を研究する（楽しむことができる）理由である。物理学は決して「終わった」学問ではないことがよくわかってもらえたと思う。若い人でもいくらでもエンジョイできると思う。

量子力学の1つとしての量子光学

量子力学の研究の仕方にもいろいろなやり方がある。その中で、筆者のやり方は光を用いた方法である。このやり方は量子光学的手法と呼ばれている。量子光学とは電磁波

序章　量子力学とは

である光の場を量子化したものである。

　ここで、「光の場を量子化」などとさらりと書いてしまったが、そもそも量子（化）とは何であるかを説明しなければならない。ただ、残念ながら、これを一言で説明するのは不可能である（後で多数の文章を用いて説明を試みる）。

　例えば、よくある説明は、「量子とは物理量の最小単位」というものである。しかし、これは正しくない。確かに、電荷やエネルギーのような物理量には最小単位があり、これらはその整数倍で表される。電子1個、2個、……あるいは光子（光の量子）1個、2個、……のような具合である。それに対し、長さなどの物理量に最小単位は存在しない。いくらでも小さい数は存在する。が、ここでは簡単のために、量子とは電荷やエネルギーの最小単位などとしてお茶を濁しておこう。もちろん他にも量子が最小単位となる物理量は多数あるが、ややこしいのでこのようにしておく。

　筆者がなぜ光を用いて量子力学を研究するのか、その理由を説明する。後で説明するが、量子化した光の粒子（光子）のエネルギーの大きさは、熱振動のような外乱のエネルギーの大きさに比べて遥かに大きい。したがって、我々の生活している温度、つまり20℃ぐらいの室温は光子にとって絶対零度（念のため、絶対零度は氷点つまり0℃と異なることを注意しておく。絶対零度とはマイナス273℃のことである）に等しい。そのため、熱振動のような外乱に光子の状態はほとんど乱されない。

　ゆえに、一度生成した光の量子状態、つまり光子がどの

ような集団になって飛んでくるか、例えば1つずつ規則的に飛んでくるのか、バラバラと何の規則性もなく飛んでくるのか等は、光子集団の一部がどこか別のところに行ってしまうなどといった何らかの損失を被らない限り、その量子状態を保つ。平たく言うと、一度つくった光の量子状態は壊れにくい。これが筆者が量子光学的手法を用いる理由である。そうは言っても、ここでの話は「量子化」とは何かをそれなりに知らなければ理解できないので、次章から少しずつ量子化について述べる。

ここで1つ注意がある。「量子力学がわかったと思う人がいたら、その人は量子力学がわかっていないのだ」と言った有名な物理学者もいたぐらいだから、わからなくても一向に悲観する必要はない。というか、そもそもわかっている人はいないのである。量子力学は自然現象を記述する、現在知られている最良の「言語」である。我々は、それぞれの単語の意味あるいは文法を知ってはいるが、それを組み合わせてできる文章・物語については、その本質をまだ理解し得てはいないと述べてきた（つもりである）。

さらに、ここまで触れてこなかったが、それ以上に量子力学をわからなくしている壁がある。それは、「言語」には一見不条理なルール（文法）があるという事実である。例えば、日本語において、「私は」の「は」は何故「わ」と書かないかはルールであって、疑問の対象ではない。量子力学という「言語」にも、この類のルールが存在する。代表例は、後で述べる「波束の収縮」というルールである（詳しくは第1章参照）。これはルールであって疑問の対象ではないのであるが、量子力学をわからなくさせている元

凶である。

　ただ、このルールが量子力学を量子力学たらしめているのであり、こうするとすべての自然現象を矛盾なく記述できるというだけなので認めるしかない。つまり、繰り返しになるが、我々が量子力学のすべてを直感的に理解するのはそもそも不可能なのである。しかし、そこさえ我慢すれば、あとは「パラダイス」である。読者もそれを信じて読み進んでほしい。もちろん、筆者としては、すべてではなくとも「あらかた」理解したような気にさせるつもりである。

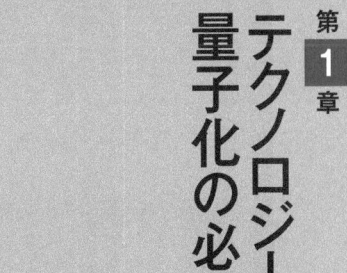

第1章 テクノロジーの進歩と量子化の必要性

なぜ量子化が必要なのか

　自然現象を量子力学的に説明するためには、説明する対象を「量子化」しなければならない。しかし、19世紀まではその必要はなかった。それは、直接見ることのできるものの大きさがそれほど小さくなかったからである。一体、ものの大きさが変わると何が変わるのであろうか？

　それは、観測する手段と観測されるものの運動量の大小関係である（運動量の単位は、kg·m/s＝キログラム・メートル毎秒である）。
「ものを見る」という行為は、図1－1のように見たいものに光を当て、そこから返ってくる光を目という「検出器」で検出する過程である。ここで、光はミクロに見ると「つぶつぶ」の光子の集合である、というか、そう考えないと説明できない実験結果が存在する。

　例えば、アインシュタインが発見しノーベル賞を取った、光電効果と呼ばれる、光が物質に当たって電子が放出される現象においては、光の周波数がある一定値を超えて高くなると電子が放出されるようになるが、周波数をさらに高めても、放出される電子の数は変化しない。ここで、光の周波数は後で説明するように光子のエネルギーそのものであり、光の周波数を高めることは個々の光子のエネルギーを大きくすることに相当するが、放出される電子数が変化しないのは、光は光子の「つぶつぶ」の集合であり、1個の光子が1個の電子をたたき出すと考えないと説明できない。つまり、1個1個の光子のエネルギーが変化して

図1-1 光を当てて観測 光を当ててサッカーボールを見る。

も、光子数に変化がなければ、たたき出される電子の数は変わらないということである。

話を図1-1に戻そう。見たいものの運動量スケールが光子のそれに比べて十分大きいとき、例えばサッカーボールのようなものでは、光子が当たろうが当たるまいがその位置に変化はない（当たり前の話である）。しかし、見たいものが原子や電子のような小さいものではそうもいかなくなる。

例えば、図1-2 (a) のように水素原子が1個置いてあり、それに向かって光を当てる場合を考えてみよう（図1-2 (b)）。

ただ、少しだけこの状況について注意が必要である。厳密に言うと、光には「回折限界」なるものがあり、光はその波長程度までしか集光することができない。したがって、水素原子にピンポイントで光を当てることはできない。同様な理由で、水素原子を光学顕微鏡で見ることはできない。ここでは、水素原子にピンポイントで光を当てることは単にたとえ話であることに注意してもらいたい。

また脱線するが、ブルーレイディスクは、従来使われていた赤外線や赤色の光に代えて、波長の短い青い光を使う

(a) 水素原子

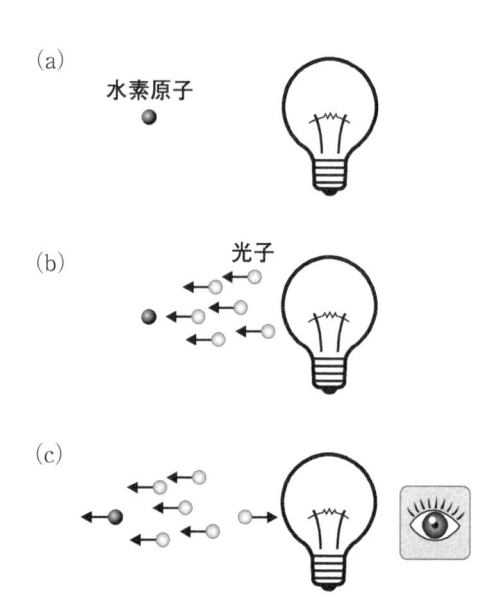

(b) 光子

(c)

図1-2 光を当てて水素原子を見る (a) 普通に考えた場合。(b) 光子が原子に衝突する前：光を光子の集団として考えた場合。(c) 光子が原子に衝突した後：光子が原子に衝突したため動き出し、その反動で光子が反対側に跳ね返され、目によって「検出」される。

ことにより記録密度を上げている。これは、光は波長程度までしか集光できない、言葉を換えると、短い波長の方がより小さく集光できることを用いている。

第1章 テクノロジーの進歩と量子化の必要性

原子に迫る観測技術

相対性理論によると、光子の運動量は、$\frac{h}{\lambda}$で与えられる（どうしてそうなるかは申し訳ないがこの本では説明できない）。ここで、hはプランクの定数（6.6×10^{-34}ジュール・秒）、λは光の波長（例えば、赤は620〜780ナノメートル、1ナノメートル＝10^{-9}メートル、青は450〜490ナノメートルの波長に対応する）である。

人間の目で見ることのできる光の波長を600ナノメートルであるとすると、$\frac{h}{\lambda}$からその運動量は、$6.6 \times 10^{-34} \div 6 \times 10^{-7} \sim 10^{-27}$キログラム・メートル毎秒となる。これは重さ$1.7 \times 10^{-27}$キログラムの水素原子が、毎秒0.6メートル（時速2キロメートル）の速度で動いているときの運動量に相当する。毎秒0.6メートルの速度というのは十分観測可能な大きさであり、言葉を換えると運動量スケールが水素原子に近いとも言える。

このような場合、光子が水素原子に衝突すると、図1－2（c）のように両方とも位置・運動量が変化する（作用・反作用、あるいは運動量保存則である）。つまり、「見る」という行為により、水素原子は動いてしまう。したがって、「見る」という行為の有無により、水素原子の運動状態は変わってしまうということになる。

このように、観測する手段、ここでは光（光子）の運動量と観測されるもの（サッカーボールや水素原子）の運動量の大小によって、観測されるものが影響を（事実上）受

けない場合と受ける場合がある。つまり、観測されるものの運動量が、観測する手段のそれに比べ、桁違いに大きいとき(サッカーボールと光子の場合)は観測の有無により影響は受けないが、近い場合(水素原子と光子の場合)は影響が無視できないということである。

19世紀まで、このようなことに気をつける必要がなかったのは、ひとえに光子と運動量のスケールが近いものに対し、人類が直接観測する術を持たなかったからである。逆に、20世紀以降は、テクノロジーの進歩により、人類が直接観測できるものが極端に小さくなったともいえる。つまり、20世紀に、いわゆる「ナノテクノロジー」が飛躍的に進歩し、人類が直接観測できるものが、原子1個、電子1個のようなものにまで及んだために、観測する手段の運動量について考えなければならなくなったし、観測の有無によって観測されたものの状態が変化することを考慮しなければならなくなったのである。

量子力学では、このように観測の有無によって変化する、観測されるものの運動を、開き直って、「そもそも自然界とはそういうもの」と捉え直して書き直したものとも言える。ただ、光が光子という「つぶつぶ」でなければ観測が問題にはならなかったはずなので、どこかでそう考えなければならない理由(そもそものスタート)があった。それが、先ほど説明した光電効果であり、その拠り所となるのがアインシュタインにより提唱された光量子仮説である。

光量子、つまり光子があると考えなければ、説明できない実験結果が大量にあったのである。このように、光子が

「つぶつぶ」でなければならない必然性（実験事実）が持ち上がり、あとは上で挙げたように水素原子のような小さいものの運動に関して新たな枠組みが必要になってきた。それが量子力学ということになる。

同時に2つの物理量は決められない

　量子力学では開き直って、ものの状態を測定すると1つの（物理）量、例えば位置を決めることはできるが、それと対になる量、位置の場合なら運動量は決まらないとする。図1-2（c）の水素原子の場合で考えてみよう。

　水素原子に光を当て（光子をぶつけ）、それが目に入るまでの時間を計ること（いろいろな方法があると思うので、読者には良い方法を考えてもらいたい）により、光が当たる直前（あるいは当たる瞬間）の水素原子の位置は決めることができる。しかし、水素原子が光子にぶつかる前に動いていたかどうかに関しては、全く情報を得ることはできない。

　特に、光子が飛んでくる方向とは直交した方向に動いていたかどうかに関しては不明となる。光子が飛んでくる方向に動いていたかどうかは、光の波長変化「ドップラー効果」などにより、知る方法があるかもしれないが。

　つまり、運動量に関しては全く不明になってしまうということである。これは、一度位置の測定をしてしまうと、水素原子の状態が変わってしまうため、測定前の運動量はもはや決めようがないという意味である。

　もし測定（観測）の前後で、その対象の状態が変化しな

ければ、位置を測定した後に運動量を測定すれば良いだけなので、このような一方を決めればもう一方が決まらなくなるという状況は起こらない。図1-1のように、測定（観測）対象があまり小さくなかった19世紀まではこうだったのであるが、20世紀になって測定（観測）対象を小さくすることができるようになると、ややこしくなったのである。

　そこで、量子力学では、初めから「位置と運動量のような（共役）物理量の両方を測定により決めることはできない」とする。実はこれが量子力学の基本原理であり、すべてと言っても良い。難しい言い方だが、この原理を「不確定性原理」と呼ぶ。

　さらに、不確定性原理を式（のようなもの）で書くと、

$$(位置のあいまいさ) \times (運動量のあいまいさ) \sim プランクの定数 (h) \quad (式1-1)$$

となる。これを力学法則の中に織り込んだのが量子力学である。

　歴史的には、この不確定性原理はハイゼンベルクにより導入された「行列力学」に端を発する。ハイゼンベルクは物理量を単なる値ではなく演算子（行列で記述）とし、その時間発展（時間とともにどのように変化するか）として運動を記述した。ここで、演算子とはその名「演算」が示すように、量子の状態を変化させる役割も持つ。ただし、その役割については本書では深入りしない。

　行列力学においては、大前提として、「交換関係」

第1章 テクノロジーの進歩と量子化の必要性

$$(位置の演算子) \times (運動量の演算子) \\ - (運動量の演算子) \times (位置の演算子) = ih \quad (式1-2)$$

（ここで、iは虚数単位、hはプランクの定数）なるものが成り立つとし、それが現在の不確定性原理の源となっている。ただし、どうしてハイゼンベルクがこの交換関係を思いついたか筆者は知らない。

雲のような電子の状態

不確定性原理を導入せざるを得なかった状況について説明する。それは、図1-3で示したような、お馴染みの水素原子の原子模型である。実は、これを説明するために、量子力学＝不確定性原理が生まれたのである。

マイナスに帯電している電子が図1-3で示したような円軌道を運動すると、これは中心への加速度運動だから電磁誘導により電磁波（光）を放出する。そうすると、その分だけエネルギーを失うから、電子はだんだん原子核に近づいていき、ついには電子は原子核に落ち込んでしまう。したがって、ニュートン力学（古典力学）で考えている限り、図1-3の状態を保つことは不可能になってしまう。

これに対し、量子力学が成り立つとすると、不確定性原理があるから、もう少し言うと式1-1があるから、電子が原子核に落ち込んでしまうことはない。

なぜなら、電子が原子核に落ち込んでしまうと位置が決まってしまうから、位置のあいまいさが0になってしま

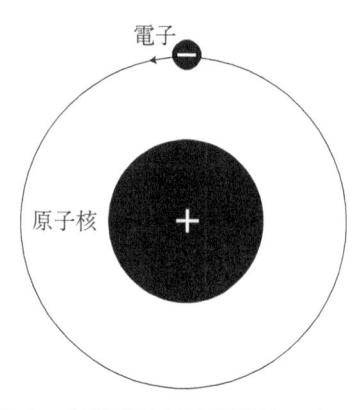

図1-3 水素原子の原子模型 プラスに帯電した原子核のまわりをマイナスに帯電した電子が回っている。

い、式1-1から運動量のあいまいさは無限大になってしまう。プランクの定数は非常に小さいとはいえ、0ではないからである。

そうすると、運動量のあいまいさが無限大＝エネルギーが無限大となるが、エネルギーは無限大にはなり得ないから、現実にはこのようなことは起こり得ないということになるのである。そのため、量子力学にしたがうと、電子の「状態」は図1-4で示したような「雲」のような存在になる。つまり、電子は位置も運動量も「ほどほどに」決まった「状態」にあり、図1-3のような円軌道での「運動」とは考えなくても良いため安定な状況となる。

第1章 テクノロジーの進歩と量子化の必要性

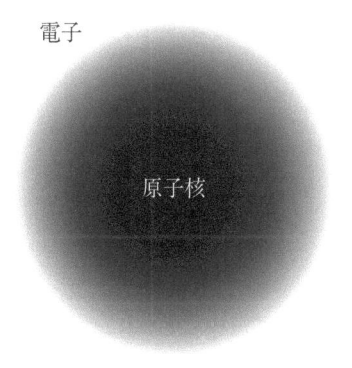

電子

原子核

図1-4 量子力学を使った場合の水素原子の原子模型 プラスに帯電した原子核のまわりをマイナスに帯電した電子が回っているが、「雲」のように位置のゆらぎが「ほどほどな」大きさとなっている。

「不定」=「あらゆる状態の重ね合わせ」

不確定性原理を認めると、次にもう1つ極めて不思議な原理を認めざるを得なくなる。それは、「重ね合わせの原理」というものである。次のような場合を考えてみよう。

水素原子が図1-5のような位置にある(あった)ことが測定により明らかになったとしよう。そうすると不確定性原理により、運動量(どの方向にどのくらいのスピードで動いているか)については全くの不定となる。これは開き直って、図1-5に破線の矢印で示したように、あらゆる運動量の状態の「重ね合わせ」の状態にあたる。

この様子は、運動量が測定により明らかになった状態で

水素原子

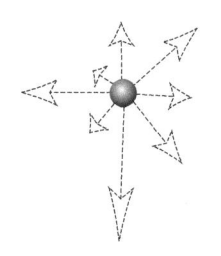

図1-5 位置が確定している状態 位置が確定しているので運動量は全くの不定。開き直って、「運動量が全くの不定」をあらゆる運動量の状態の「重ね合わせ」と考える。もちろん、水素原子が複数になったわけではない。状態が複数あるのである。

も同様に、図1-6のようにあらゆる位置の状態の「重ね合わせ」となる。もちろん、水素原子が複数になるわけではない。あくまでも水素原子は1個で、位置の状態が複数あるということである。つまり、「不定」=「あらゆる状態の重ね合わせ」という構図である。ここまでは、単に解釈の問題のようであるが、次は一線を越えていると感じる人は多いのではないであろうか？

それは、図1-5に示した、位置が測定により明らかになっている状態において、運動量を測定すると、不確定性原理により今度は運動量が確定し、図1-6に示した、位置が全くの不定の状態になってしまうことである。

ただ、この様子は、「不確定性原理により」そうなると

第1章　テクノロジーの進歩と量子化の必要性

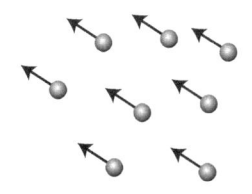

図1-6　運動量が確定している状態　運動量が確定しているので位置は全くの不定となる。「位置が全くの不定」をあらゆる位置の状態の「重ね合わせ」と考える。もちろん、水素原子が複数になったわけではない。状態が複数あるのである。

言うと、全く判然としないし、最初にわかっていた位置はどうなってしまうのかということになるが、図1-2にならって、光（光子）を用いて水素原子の運動量を測定するということにすると、それほど「御無体」なことにはなっていない。

つまり、どこかの位置に静止している（位置が決まっているということは静止しているとも言える）水素原子に、運動量を測定するために光子をぶつけ、戻ってきた光子の運動量を波長の測定で読み取ると、作用・反作用のため水素原子の位置は動いてしまいどこにあるかわからなくなってしまう。「わからない」ということを開き直って「あらゆる位置の重ね合わせ」と言い換えているわけなので、上で述べた、位置が決まった状態で運動量を測定すると、位置が全く決まらない運動量の確定した状態になるというのは、それほど不思議なことではない。

ちなみに、このあたりの様子は「波束の収縮」と呼ばれ、忌み嫌われているところである。

ミクロの世界での力学法則

このように、量子力学では、測定によって測定対象が変化するという、ある意味当然な状況を、不確定性原理というかたちであらかじめ力学法則の中に織り込んでいる。それに対して、ニュートン力学の世界では、測定対象のエネルギースケール（運動量）が、測定手段（光）のそれに比べて桁違いに大きいため、測定による変化を無視できる。つまり、基本的に量子力学は、測定による反作用が無視できないミクロな世界での力学法則なのである。

したがって、今後いろいろな局面で、測定による状態の変化を扱うが、バックグラウンドにはこのようなことがあると思い出せば、気持ち悪さも減るように思う。

さらに言えば、量子力学の種々の理論も気持ち悪さも、すべてこの不確定性原理から生まれており、それさえ知ってしまえば、あとはそれを複雑に組み合わせて演繹されるすべての結論も、そんなものかと思えるようになると思う。

そうは言っても、その結論は日常感覚からはかけ離れた場合が多いが、ミクロな世界ではそうなっていると諦めるしかないのかもしれない。

ここまで不確定性原理と量子力学のあらましについて書いてきたが、次章から、本題である光の量子化へ向けて、少しずつ話を進めよう。

第2章 振り子の量子化

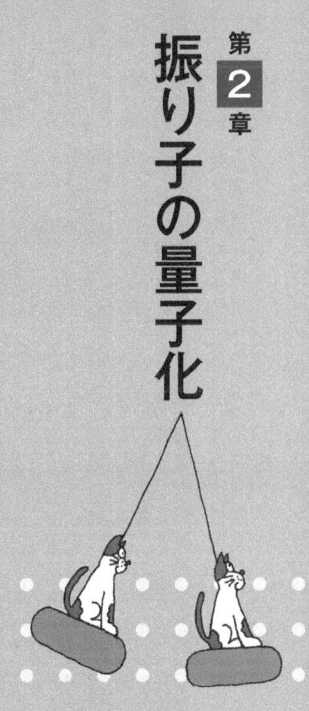

水素原子の振り子

　最も基本的な運動（物の動き方）の1つは図2－1で示したような「振り子」の動き（往復運動、単振動）である。これを量子力学的に考えて（量子化して）みよう。もちろん、振り子は我々が簡単につくることのできるスケールの振り子ではなく、水素原子のような非常に小さい、つまり測定による反作用が無視できないスケールの振り子である。

　本来ならば、式を使って説明するべきであるが、そこをぐっとこらえて式なしで説明を試みる。

　前章で説明したように、量子力学には、測定による反作用に相当する不確定性関係がある。つまり、
「おもりの位置と運動量（重さ×速度）は同時に決まることはない」
という関係がある。

　ここで、少し難しい言い方になるが、このように不確定性原理により同時に決まることがない（物理）量を共役物理量と呼ぶ。また、共役物理量には位置と運動量以外にも、エネルギーと時間のようなものもある（これも測定の反作用で説明できるが、位置と運動量とほとんど同じになるので、ここではしない）。

　前述したように、量子力学ではこの「ルール」を理屈の中に織り込んで話をする。

第2章　振り子の量子化

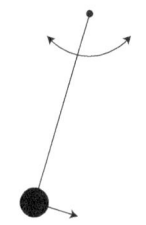

図2-1　振り子　運動としては左右の単振動になる。

往復運動の量子化

　量子力学的な振り子の運動（量子化された振り子の運動と言うべきかもしれない）の中にはいくつか種類があるが、その中で最もイメージしやすいのが、単純な往復運動である。つまり、釣り合いの位置から左右に一定の周期で動く運動である（メトロノームを思い浮かべてほしい）。ただし、量子力学のルール（不確定性原理）から、おもりの位置と動くスピード（運動量）が同時に決まることはないから、図2－2のように、少しずつ異なったおもりの位置とスピードが重なり合ったような状態となる。

　それでも、その平均の位置は図2－1と同じになっている。したがって、おもりの位置が微妙にぼやけた以外は、日常生活で我々が経験している振り子の運動になっており、それほど違和感なく認めることができる（かもしれない）。

　しかし、量子化された振り子の運動のうち、次に挙げる

図2-2　振り子の量子化された運動の例
我々の日常感覚とほぼ同じ振り子の運動だが、おもりの位置が「微妙に」ぼやけている。

振り子のエネルギーが確定した状態については、日常生活の感覚では全く理解できないので、こうであると認めてもらわなければならない。

　前述したように、おもりの位置と運動量は同時には決まらず、さらに同じような関係が、エネルギーと時間にも存在する。つまり、測定の反作用である不確定性関係から、振り子のエネルギー（位置エネルギーと運動エネルギーの和）が確定すると、時間（ある瞬間におもりがどこにあるか）が決まらないというような関係がある。ちなみに、このようなおもりの位置の時間的変化を記述する用語として「位相」というものがある。振り子の場合、この種の不確定性関係はエネルギーと位相の間のものということになる。

　図2-3の振り子の状態は、どれもエネルギーが決まった状態である。したがって、時間、つまり振り子の振れるタイミング（位相）は全く不定となる（図中ではおもりの

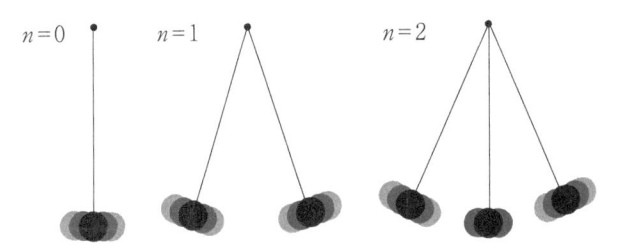

図2-3　振り子のエネルギーが確定した状態

位置がぼんやりと表現されている上、複数あるものもある)。

さらに、取りうるエネルギーは何でも良いわけではなく、

$$E_n = h\nu \left(n + \frac{1}{2}\right) \qquad (式2-1)$$

だけである。ここで、nは量子数と呼ばれ確定したエネルギーの値を表し、$n = 0, 1, 2, \ldots\ldots$のように0または自然数であって、任意の実数とはならない。また注意してほしいのは、図2-3には$n = 0$、$n = 1$、$n = 2$の3通りしか示していないが、実際にはnは自然数なら何でも良く、$n = \infty$まである。

さらに、hはプランクの定数($h = 6.6 \times 10^{-34}$ジュール・秒)、νは振り子の振動数（1秒間に左右に往復する回数）である。

エネルギーは決して0にならない

もう少し図2−3の振り子の状態について見ていこう。

例えば、$n = 0$のときは、古典的に考えるとエネルギーが0で確定している状態である。エネルギーが0であれば、位置エネルギーも運動エネルギーも両方とも0だから、おもりは一番安定する位置で止まっているはずである。しかし、不確定性原理から、おもりの位置が完全に決まると運動量は全くの不確定、つまりエネルギーが無限大になってしまうから、完全に安定の位置で静止することはできず、安定点のまわりで、プランクの定数程度（正確にはその平方根程度）ゆらぐことになる。

したがって、全エネルギーは完全には0にはならず、式2−1には$n = 0$のときもプランクの定数かける振り子の振動数の半分$\frac{h\nu}{2}$だけ、エネルギーが存在することで「つじつま」を合わせている（これを零点エネルギー、零点振動と呼ぶ）。当然、マクロの世界ではこの$\frac{h\nu}{2}$は小さすぎて表には現れないが、ミクロな世界ではこれが「表沙汰」になるのである。

次に$n = 1$の場合を考えてみよう。この場合、振り子のエネルギーは0ではない。したがって、運動エネルギーおよび位置エネルギーを持っている（もちろん、それ以外にも零点エネルギーも持っている）。ただし、エネルギーは確定しているので、位相は全くの不確定＝ランダムとなっており、その結果、おもりの位置としては、運動エネルギ

第2章　振り子の量子化

図中ラベル:
- $n=1$
- 運動エネルギーと位置エネルギーが等しい
- すべてが位置エネルギー（一瞬止まる）
- すべてが位置エネルギー（一瞬止まる）
- すべてが運動エネルギー（一番下）

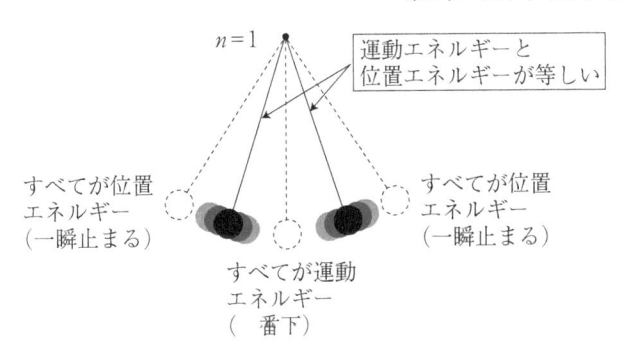

図2-4　振り子のエネルギーが確定した状態$n=1$の詳しい説明

ーと位置エネルギーの等しい位置（振り幅＝振幅が$\frac{1}{\sqrt{2}}$のところ）に存在確率が集中することになる（おもりが一番下の位置に存在する確率は0になる！）。

　もちろん、$n=0$のときと同様、エネルギーが確定しているため位置が1つに定まることはなく、ある程度の不確定さはある。

　また、振り子において、運動エネルギーと位置エネルギーが等しくなるおもりの位置は2ヵ所あるので、その2ヵ所に存在確率が集中することになる。この辺りの様子を図2-4にまとめた。

　ただし、これは単なる重ね合わせの状態であることに注意が必要である。例えば、図2-5のように、$n=1$の状態でおもりの位置を測定すれば、その結果は、これら2ヵ所のうちどちらかが得られるが、測定の反作用で運動量は全くの不確定になり、結果として、おもりの位置は確定して

39

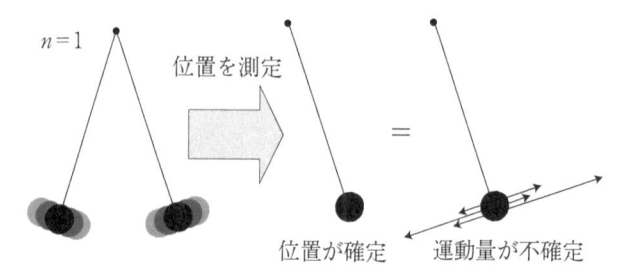

図2-5 振り子のエネルギーが確定した状態$n=1$において、おもりの位置を測定

いるが運動量は全くの不確定となる。

いずれにしても、$n=1$の状態は日常感覚では想像もできない状態である。何故なら、振り子はメトロノームのように左右に連続的に往復運動しているわけではなく、空間の2点付近のみにしか存在しないのだから。

ここで初めて、不確定性原理から導き出される割り切れなさに遭遇するのである。不確定性原理を認めて、論理的に考えた帰結なので、こうなるとしか言いようがなく、実際実験してみるとこのようになるので、我々としてはミクロの世界ではこうであると認めざるを得ない。$n=2$の状態にはもっと（私としては）面白いことがあるが、読者には苦痛に過ぎないので、この説明は止めておこう。

量子の集団の振る舞い

最後にもう1つだけ直感的には理解できないことを書こう。

第2章　振り子の量子化

左右への単振動

＝

$n=0$　　　　$n=1$　　　　$n=2$

0.7 ×　　＋　0.5 ×　　　＋　0.2 ×　　　　＋ ・・・

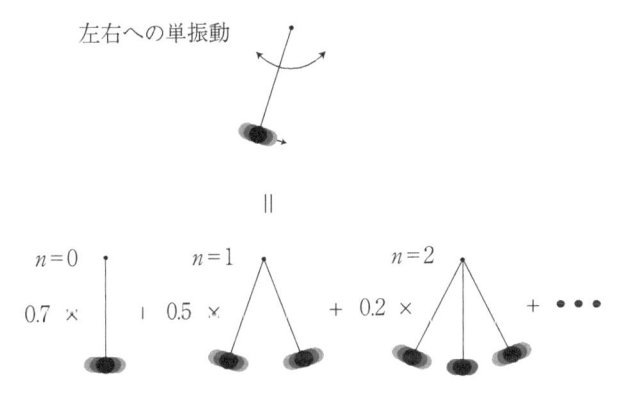

エネルギーが決まった状態の重ね合わせ（足し算）

図2-6　単振動の振り子の運動　単振動の振り子の運動は、エネルギーが決まった状態（図2-3の$n=0$、$n=1$、$n=2$の状態）の重ね合わせ（足し算）で書ける。難しいことを言えば、重ね合わせの係数（この図では、0.7、0.5、0.2、……）は自乗してすべて足し合わせる（$0.7^2+0.5^2+0.2^2+$……）と、1になっている。つまり、それぞれを取る確率となっている。もっと言えば、この係数（の自乗）は、ポアソン分布と呼ばれる、量子がランダムに存在する（量子数がランダムである）ときの確率となっている。つまり、量子が0個である確率は0.7^2であり、量子が1個である確率は0.5^2といった具合である。

図2-2で示した量子化された振り子の運動は、図2-3のすべてのnの場合を重ね合わせる（足し合わせる）ことで実現できる（図2-6）。ここで再び注意するが、図2-3には$n=0$、$n=1$、$n=2$の3通りしか示していないが、

実際にはnは0または自然数なら何でも良く、$n = \infty$まである。

この様子は式では説明できるが、文章や図で説明するのは不可能なので、興味のある人は量子力学の教科書を読んでほしい（拙著『量子光学と量子情報科学』（数理工学社）にも詳しく書いてある）。あえてこのようなことを書いたのは、「量子n個」とは図2-3のnの状態のことであり（$n = 1$のとき量子1個など。したがって、この場合の量子とはエネルギーの最小単位のようなものである）、すべての量子化された状態は、量子の「足し合わせ」で記述できることを示したかったからである。個々の量子が集団の中でどのように振る舞っているかで、その量子集団＝ここでは振り子の運動が記述できるのである。さらにいえば、すべての量子化された状態は、複数個の量子が複雑に「絡み合った」ものであるといえる。

次に述べる光の状態も、このように量子（光子）の集団と見なすことができる。

第3章 光の量子化

光と振り子は等しい

　ここまでは量子力学的な振り子の運動について述べてきたが、ここでは本題である光の量子化を行うことにする。最初に振り子を取り上げたのは、光の量子化も振り子の運動の量子化と全く等価だからである。

　ご存じのように、光は電磁波であり、その電場は図3-1で示したように時間的に振動すると考えられる（量子化前）。これは単に図2-1の振り子のおもりの位置を、釣り合いの位置を0としてその時間変化をグラフにしたのと同じである。さらに都合がよいのは、図3-2のように、すべての波動は4分の1波長分だけ位相が異なるsin成分、cos成分に分けられるが（これらが決まれば波としての振幅と位相が決まる）、光の電場の場合、それらが振り子における「おもりの位置と運動量（スピード）」と同じ不確定性関係を持つということである。つまり、sin成分が決まれば、cos成分が全く決まらないというような関係である。

　ただし、誤解しないでほしいのは、光の電場のsin成分やcos成分は、決して光の「位置」と「運動量」を表しているわけではないことである。単に、不確定性関係が同じというだけである。

　ここで、三角関数（sin、cos）についてご存じない読者のために、少しだけ説明する。繰り返しになるが、sin成分、cos成分とは、図3-2に示したように、4分の1波長分だけ波の山や谷の位置（位相）が離れた波のことである。

第3章 光の量子化

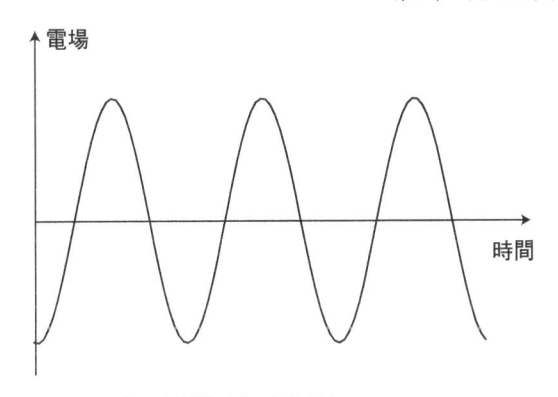

図3-1 光の電場（量子化前）

この2つの波は片方が山や谷のとき、もう片方は0（中間）となっており、全くお互いに干渉しない。したがって、2つの独立な動きと考えることができる。さらに、これら2つの成分の大きさが決まれば、波は1つに決まる。つまり、波のすべての情報はこの2つの成分の大きさということになる。

ここで、どうして電磁波のsin成分とcos成分の間に、振り子のおもりの位置と運動量のような不確定性関係があるのかについて考えてみよう。

まず、振り子のおもりの位置であるが、左右に振動するのは自明である。おもりが左右に振動するものを振り子と呼ぶわけであるから当然である。この位置の変化の様子をグラフにすると、図3－3の上のようになる。

それに対し、おもりの運動量をグラフにすると図3－3の下のようになる。これを丁寧に説明すると、振り子はおもりが折り返す地点で運動が止まり（運動量が0）、すべ

(a)

元の電磁波

sin成分、cos成分へ分解

sin成分

cos成分

(b)

元の電磁波

sin成分、cos成分へ分解

sin成分

cos成分

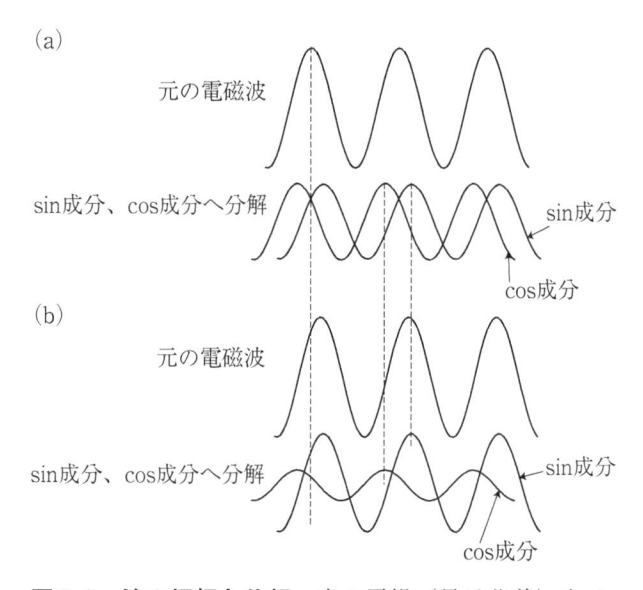

図3-2 波の振幅と位相 光の電場（量子化前）をsin成分、cos成分に分解。分解される前の「元の電磁波」として位相の異なった2つの例（a）、（b）を挙げている。本文で説明したように、sin成分とcos成分は4分の1波長分だけ位相がずれている。（a）に示した「元の電磁波」はsin成分とcos成分の大きさが等しく分解され、（b）に示した「元の電磁波」はsin成分とcos成分の大きさは異なっている。特に、「元の電磁波」の位相の違いはsin成分とcos成分の大きさの違いとして現れている。つまり、「元の電磁波」の位相の差はsin成分とcos成分の大きさの違いとして表すことができる。もちろん、「元の電磁波」の振幅もsin成分とcos成分の和として表すことができる。このように、sin成分の大きさとcos成分の大きさが決まれば、波としての振幅と位相が決まる。

第3章 光の量子化

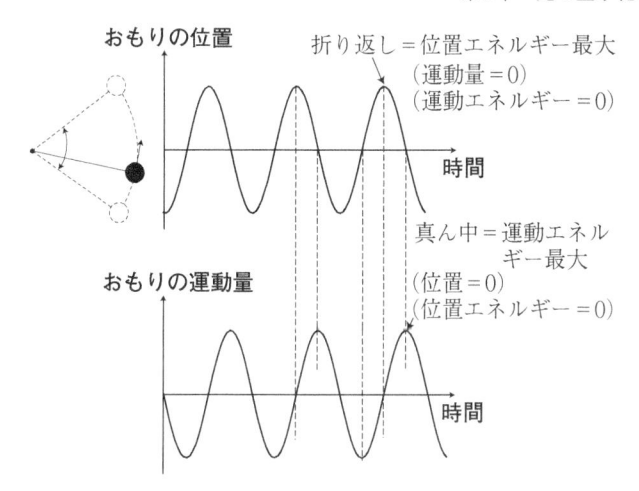

図3-3 振り子のおもりの位置と運動量のグラフ おもりの位置と運動量は片方が0ならもう片方は最大になっており、電磁波のsin成分とcos成分の関係と同じになっていることがわかる。

てが位置エネルギーになる。また、おもりが真ん中に来ると、すべてが運動量（運動エネルギー）になる。

したがって、振り子において、位置と運動量のグラフは片方が0ならもう片方は最大になっており、電磁波のsin成分とcos成分の関係になっていることがわかる。ゆえに、電磁波のsin成分とcos成分の間に不確定性関係があっても良いことになる。ただ、本当を言うと、電磁波のsin成分とcos成分に不確定性関係がある理由は、「そうすると自然現象が説明できるから」なのだが。

47

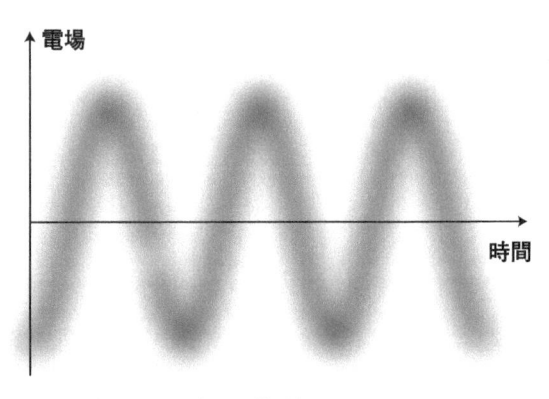

図3-4 光の電場（量子化後）

どの瞬間でも電場は0ではない

　話を光の量子化に戻そう。
　図3-1の光の電場を、振り子の運動の量子化にならって量子化すると、図3-4のようになる。電場の大きさとそれを取る時刻（位相）がそれぞれある一定のあいまいさを持っている状態である。逆にそれ以外の部分は量子化前と全く同じである。例えば、図3-4の平均値は図3-1と全く同じである。この様子は、振り子の運動の量子化のとき、図2-1から図2-2に変化したのと等価であり、これを認めれば直感的に理解できなくはない。
　しかし、振り子と同様、図3-4のような状態は、量子化された光の状態の1つに過ぎない。別の状態も図2-3の振り子の状態と同様に考えることができる。つまり、エネルギーが確定している光の量子状態も存在するはずだ。

第3章 光の量子化

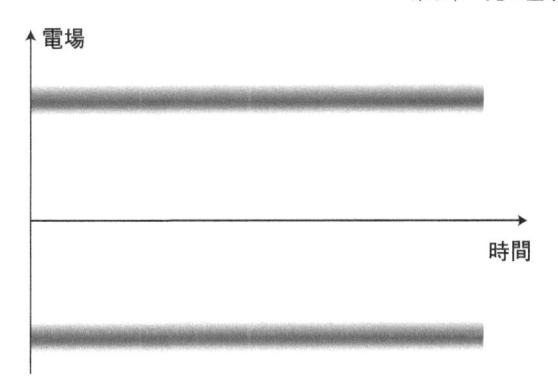

図3-5 もう1つの光の電場（量子化後）の例（$n=1$の場合）

例えば、$n=1$のときは、図3-5のようになる（なぜこうなるかは後で説明する）。もちろん、この場合でも光のエネルギーは式2-1のように飛び飛びの値になり、$n=1$のときは$E_1 = \dfrac{3}{2}h\nu$となる。

後でもう少し丁寧に説明するが、図3-5の状態は、電場の最大値（振幅）は決まっているが、どの時刻で最大値を取るか（位相）は全く不定な状態となっている。

これは、振り子のところでも述べたように、エネルギーを確定させると時間は全く不確定になるからである。また、視覚的イメージも図3-6で示したように、振り子の場合の$n=1$（図2-3）と同じようにぼんやりした状態になる。

復習になるが、振り子の図2-3の$n=1$の場合、おもりは釣り合いの位置から離れたところ、もう少し言うと、

19

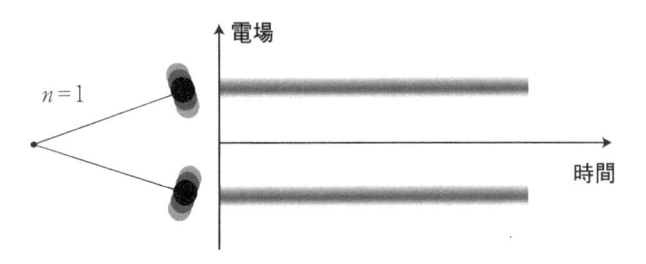

図3-6 量子化した光の電場（$n=1$の場合）とエネルギーの確定した振り子の状態との比較

運動エネルギーと位置エネルギーが等しくなる辺りにしか存在確率はない。光の図3-5の場合でも、どの瞬間でも0でない一定の電場の大きさとなっている。つまり、振り子の図2-3の$n=1$の場合と同様、光の図3-5の場合でも、振幅0の瞬間が存在しない「中抜け」の構造になっている（もちろん振幅最大の瞬間も存在しない）。

このような光の状態はもはや「波」としての原形をとどめていないようにも見える（後で述べるが、実際は本来の姿なのであるが）。したがって、この状態は極めて量子力学的状態（位相のない＝位相の全く定まらない波など古典的にはあり得ない）と言わざるを得ないが、実はこれが光の量子である光子の姿なのである。$n=1$が光子1個に相当しており、$n=n$のときは光子n個に相当している。

このように「位相のない＝位相の全く定まらない」波が光子であるため、光子（量子）は「粒子であり波である」などと訳のわからない言われ方をする。もちろん、本質はここまで説明してきたとおりである。

第3章　光の量子化

光子という考え方はいらない?!

　ここで注意したいことがある。それは、光子という「考え方」が、量子化した状態の1つの側面に過ぎないということである。電子や原子核のようなわかりやすい実体を伴う量子では、電子あるいは原子核そのものを量子と呼んでも良いのであるが、光の場合、元が電磁波という質量のない波なので、光子と言っても電子や原子核のようなわかりやすい実体が存在しない。したがって、光子という考え方は非常に理解し難くなっている。

　実際、光子という考え方（この場合、主に粒子性を指しているが）はいらない（アンチフォトン）と言っているノーベル物理学賞受賞者もいるほどである。

　通常の量子力学の教科書にはここまでしか書いていないが、この本は教科書ではないので、もう少し直感的な説明を加えることにする。エネルギーを確定させた状態では位相が全くの不確定になると述べてきた。これにもう少し付け加えると、位相がバラバラな多数の「小波」が混じり合った状態ということになる（図3-7）。

　このような状態では電場はプラス・マイナスが打ち消し合って平均値としては0となるが、「ゆらぎ」（自乗の平均）＝エネルギーだけ存在する（0にならない）ことになる。台風時、海面は「グチャグチャ」であり、規則的なうねりは存在しない（もう少し正確に言うと、台風時の海面はいろいろな周期〈振動数〉の波が存在し入り乱れている状態であるが、今話している光の状態には1つの周波数し

51

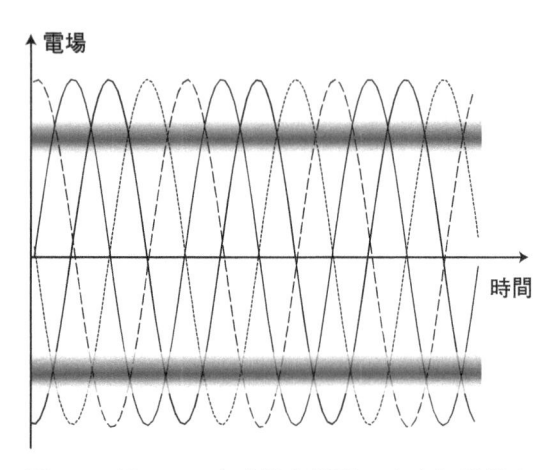

図3-7 図3-5の直感的な説明 全く無相関な波が「大量に」存在するため、平均値としては0になるが、「揺らぎ」だけ存在している状態である。つまり、図中に正弦波として描かれた部分は本来存在せず（物理を理解するための補助線である）、実際には図3-5のように、単に上下に書かれた一定の部分のみ存在する。

か存在しない。しかし、いずれの場合も位相はランダムである）。

一方、日本での台風から1週間後、ハワイのノースショアでは規則正しいうねりが入り（細かい周期の波は消えやすく、波長の長い波のみ生き残るからである）、サーファー達のパラダイスになる。このイメージが図3-4である。

この話が出たついでに少し先走った話をするが、この様子は振り子のところで述べた図2-3の各nの状態を図2-6で示したように足し合わせると、図2-2の（少しぼ

やけた）振り子の運動となることの直感的理解に繋がる。つまり、図2-3の各nの状態は、それぞれ少しずつ度合いの違う「グチャグチャ」の海面であるが、これらの位相が何かの拍子に揃ってくると、ハワイのノースショアでのきれいなうねりになる。

光の場合も同じで、たくさんの光子（いろいろなnの状態）が規則正しく足し合わされれば、図3-4のようにある程度直感的に理解できる電磁波の形になる。

逆に、普通の電磁波のような光の状態（我々が通常目にする光の状態は、レーザー光線を含めてこの状態にある。レーザー光線については次章で説明する）は、図3-4のようにある程度直感的に理解できる電磁波の形をしているが、光子に着目すると、何個の光子が飛んでくるかはランダムな状態となっている。つまり、いろいろな光子数nの状態が重ね合わされているのである。

このあたりの話は非常に理解し難いが、量子力学の根源的な話であり、逆にこれがある程度理解できると、量子力学が面白くなる（？）こと請け合いなので、少し深入りする。

量子は粒子であり波である？

「諸悪の根源」は、光子という粒子的イメージと波動が同時に出てくることである。量子力学を学ぶとき必ず「量子は粒子であり波である」と言われ、途方に暮れたことはないだろうか？ ここでは、それについて（少しだけ）説明を加える。

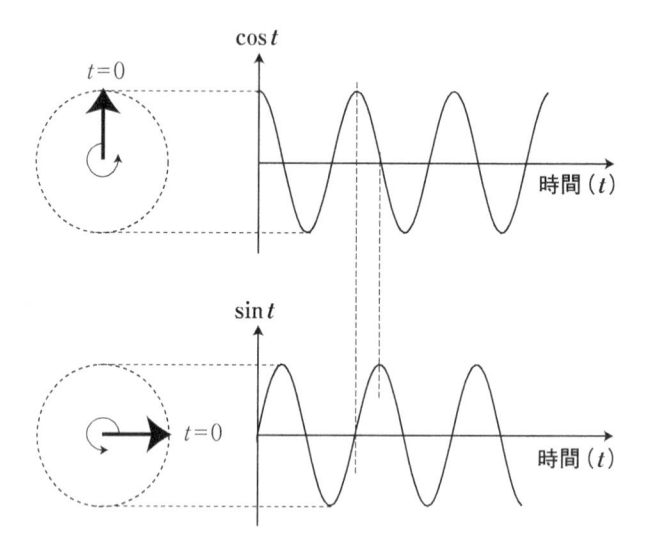

図3-8 sin成分とcos成分の表現1 sin成分とcos成分は、90°ずれた2つのベクトルの回転として表現できる。

　図3-2で見たように、(光の)波はsin成分とcos成分に分解でき、さらに量子力学的に考えると、不確定性原理によりそれらを同時に完全に決めることはできないから、図3-4に示した、少しぼやけた(電場の)波動になるのであった。また、sin成分とcos成分は図3-8に示したように、90°ずれた2つのベクトルの回転として表現できる。したがって、図3-4は、sin成分とcos成分の振幅(振り幅)を用いて図3-9のようにも書くことができる。

　ここでの「肝」は、不確定性原理によりsin成分とcos成分は同時に完全に決まることはないから、それら(のベ

第3章 光の量子化

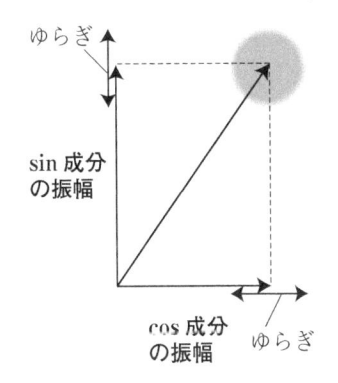

図3-9 sin成分とcos成分の表現2 図3-4に示した量子力学的な電（磁）波をsin成分とcos成分の振幅（振り幅）で表示。不確定性原理からsin成分とcos成分は同時に完全には決めることができないから、それら（のベクトルの和）からなる全体の振幅は円で示されたゆらぎを持つ。

クトルの和）からなる全体の振幅は、図3-9に円で示されたゆらぎを持つことである。

実は、このゆらぎこそが光子なのである（正確には半分の光子のエネルギー、式2-1の$\frac{1}{2}$に相当、半分になる理由は、交流電場での電場の「実効値」は振幅の$\frac{1}{\sqrt{2}}$であり、エネルギーは振幅の自乗から計算される$\frac{1}{2}$だからである）。つまり、不確定性原理が仮定されると、電磁波（波）の中に光子（量子）が生まれるのである。

第4章 レーザー光と量子ゆらぎ

光をつくる準備

　抽象的な話ばかりしてきたのでここで具体的な例を挙げる。それはレーザー光線である。ただ、レーザー光線の話をするためには、光を「つくる」ということを理解しなければならないので、まずその話をする。

　光を「つくる」には、電磁誘導が必要である。光は電磁波だからである。電磁誘導が起こるためには電気を帯びたものが加速度運動する必要がある。電気を帯びたものとして代表的なものは、前に触れたように、原子を構成している原子核と電子であるが、原子核は重すぎるため光の周波数に追随して動くことはできない。それに対し、電子は軽く、光の周波数にも十分追随して動くことができるため、電磁誘導の担い手は電子ということになる。

　原子核のまわりを回っている電子の「状態」については図1-4で1つ紹介したが、その他に図4-1のような状態もある。この状態は安定な状態ではなく、しばらくすると図1-4の安定な状態に変化する。この変化に伴って光が放出される。

　少し「眉唾な」説明であるが、図4-1において、電子は原子核の上側と下側の間で周期的に振動している。これは、ちょうど量子化された振り子の運動を示した図2-3において、$n=1$の状態と考えて良い。したがって、帯電した粒子（電子）が周期的に振動するから、その周波数（振動数）と同じ電磁波（光）が電磁誘導により生成されるのである（図4-2）。これを自然放出と呼ぶ。電磁波

第4章　レーザー光と量子ゆらぎ

図4-1　原子核のまわりを回っている電子のもう1つの状態

（光）の放射によりエネルギーを失い、エネルギーの低い安定な状態である図1-4の状態に移るのである。

　ここで重要なことは、図3-6で示したように、量子化された振り子の運動で$n=1$の場合は電磁波においても$n=1$の場合と同等であり、したがって放射される電磁波（光）は光子1個であることである。

　また、図1-4の状態は、振り子の図2-3の状態のうち$n=0$の状態である。つまり、零点振動の状態である。

レーザー発振＝光子の大量生成

　これで準備が整ったのでレーザー光線を生成するレーザー発振について説明する。

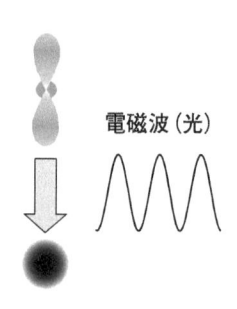

図4-2 電磁波放射の様子 原子核のまわりを回っている電子の状態が変化し、電磁波（光）が放射される。正確に言うと、放射される光子は図3-5（図3-6）のように位相は定まっていないが、簡単のため古典的な波のように描く。

　レーザー発振では、まず図4-1の状態にある電子を大量に準備する。このとき、エネルギーの高い状態にある電子が、エネルギーの低い状態にある電子より大量に存在することになり、熱平衡にあるときにはあり得ない状況になっている。したがって、分布が「反転」しているということで反転分布と呼ばれる。

　すると、確率的にどれか1つの図4-1の状態が図1-4の状態に変化し、光子を1個放出する（図4-2）。

　電磁波である光子は、周期的に振動する電場により電子を揺さぶるから、他の図4-1の状態にある電子も図1-4の状態に変化しやすくなる。本来、図4-1の電子の状態にも一定の寿命があり、外から電場で揺さぶられなければ、寿命の分だけその状態に留まるが、光子の電場によって揺さぶられたためその寿命を全うできず、すぐにエネル

第4章 レーザー光と量子ゆらぎ

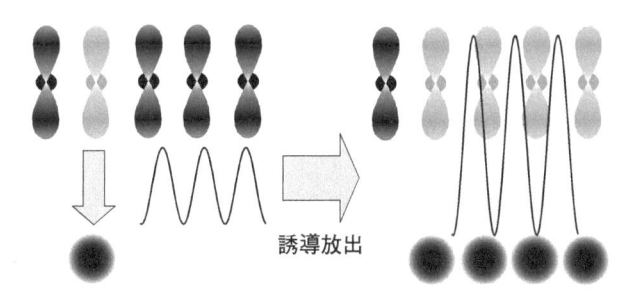

誘導放出

図4-3 誘導放出の様子 最初に1つの光子が放出され、それが「呼び水」となり、同じタイミングに光子が大量に生成される。

ギーの低い安定な図1-4の状態に変化するのである。

これが図4-3のように同時に大量に雪崩のように起きるのが誘導放出と呼ばれ、レーザー発振そのものである。

誘導放出の特徴は、最初に確率的に放出された光子と全く同じもの（同じ位相を持つもの）が大量に生成されることである（図4-3）。最初に確率的に放出された同じ光子の電場により、図4-1の状態にある多数の電子が同時に揺さぶられ、その結果同時に図1-4の状態に変化し光子を放出するからである。同じ位相を持つためこれらの光子は強め合い、全体で非常に強い光となる。

一方、自然放出も図4-4で示すように、常に一定の割合で「五月雨式」に起こり続ける。自然放出で生成された光子は「五月雨式」であるため、位相はバラバラであり誘導放出のように強め合ったりすることはない。常に「独立した」光子である。

図3-9にならって、誘導放出と自然放出の様子を図4

61

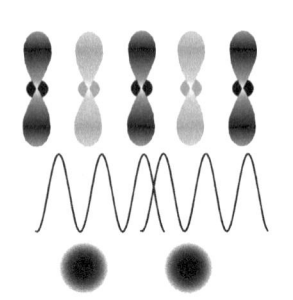

図4-4　大量に図4−1の状態があるとき、自然放出が「五月雨式」に起きる様子　この場合、光子の位相はバラバラで、誘導放出のように強め合ったりはしない。

−5に記述する。誘導放出は1つの位相を持つ（ある方向を向いた）大きなベクトルで表される振幅になり、自然放出は小さくいろいろな位相を持つ（いろいろな方向を向いた）振幅（ベクトル）の集合となる。

　つまり、不確定性原理から導かれた図3−9の実体は、レーザー光線においては誘導放出（位相が合った光子たち）と自然放出（位相がバラバラな光子たち）を合わせた状態に対応するのである。「ゆらぎ」という抽象的存在そのものが光子であるということを理解してもらえたと思う。

光は光子の集団

　次に、これを実際の（簡単な）実験で確かめる方法を示

第4章　レーザー光と量子ゆらぎ

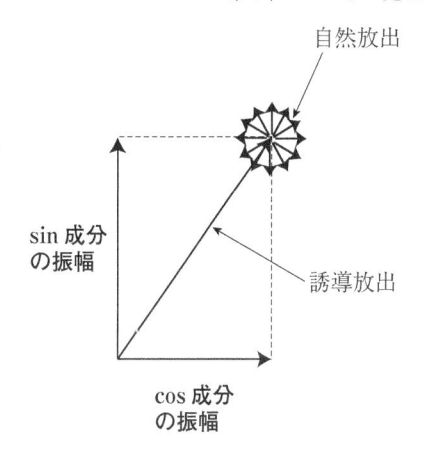

図4-5　図3-9にならった、誘導放出と自然放出の様子　誘導放出は1つの位相を持つ大きなベクトルで表される振幅になり、自然放出は小さくいろいろな位相を持つ（いろいろな方向を向いた）振幅（ベクトル）の集合となる。

そう。図4-6のように、レーザー光線をハーフビームスプリッターと呼ばれる半分の光を通過させ、半分の光を反射する鏡に入射させる。さらにハーフビームスプリッターへ入射する前のレーザー光線の強度はどんなに変化していても良いとする。

ここで、ビームスプリッターについては、後で図7-8（125ページ参照）を用いて詳しく説明するので、単に半分だけ光を反射する鏡ということにしておく。

ハーフビームスプリッター前のレーザー光線の強度がどんなに変化していても、その強度変化は2つに分けられた

63

差を検出

光検出器
強度を測定 1

50%

レーザー光線

50% 2

ハーフビームスプリッター
(半透鏡)

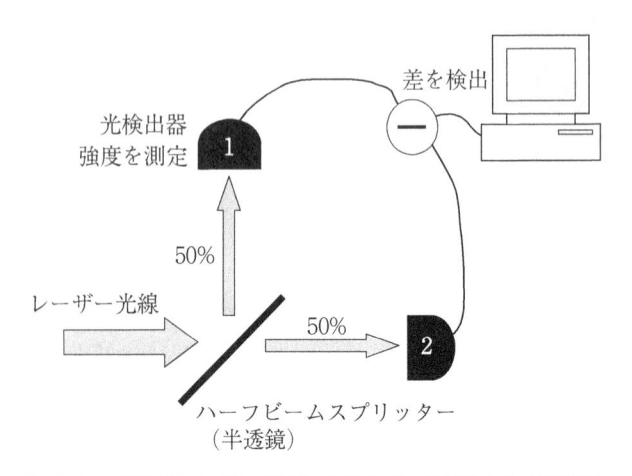

図4-6 量子ゆらぎ＝光子の存在を(簡単な)実験で確かめる

光線(透過・反射)に全く等しく起こるから、それらで強度を測定し差を取ると、値は0になるはずである。しかし、実験すると、そうはならない。

レーザー光線(あるいはすべての光)は光子の集合と考えることができるから、図4－6の状況は、図4－7のように描き替えることができる。こう考えると、それぞれの光子がハーフビームスプリッターにおいて50％の確率で反射・透過されることになる。ただし、反射された光子は必ず光検出器1で検出され、絶対に光検出器2で検出されることはない。同様に、透過された光子は必ず光検出器2で検出され、絶対に光検出器1で検出されることはない。ともに光子という粒子として考えれば当たり前のことである。

第4章 レーザー光と量子ゆらぎ

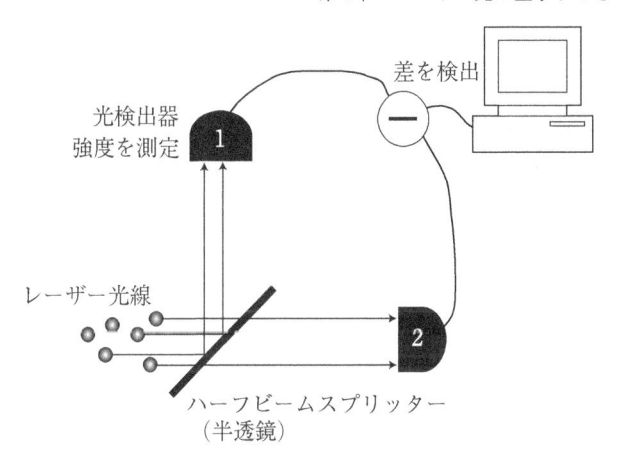

図4-7 レーザー光線を光子の集合と考え量子ゆらぎ＝光子の存在を（簡単な）実験で確かめる

　ここで、2つの光検出器の出力の差を取ってみると不思議な（？）ことが起こる。0にならないのである。ただし、光検出器は光電効果を使っているとする。つまり、光子数に比例して光電子が生成され、その数をカウントするのと等価なことが起きているとする。

　2つの光検出器の出力の差が0にならないのは、光子という粒子で考えると、片方の光検出器で、ある光子が検出された場合、その光子はもう片方で検出されることはないから、必ず光子1個分に相当する出力の差が観測されることから起こる。逆に、このような実験をやって0にならなければ、光子の存在を検証したことになる。もう少し格好良く言うと、これは光というものを光子という「つぶつぶ」で考えたことによるデジタイジングエラーと呼ぶこと

もできる。つまり光子0.5個というものはないから、小数点以下を「四捨五入」しているのである。

光は川の流れのように、連続して流れてきているわけではなく、光子というつぶつぶがランダムに飛んでくるだけなのである。このデジタイジングエラーがこれまで「ゆらぎ」（量子ゆらぎ）と呼んできたものであり、光子の存在証明そのものである。ちなみに、電気信号の分野では、このデジタイジングエラー＝量子ゆらぎをショットノイズと呼ぶ。いずれにしても、光を古典的な波（電磁波）だと考えていたら、この状況は説明できない。

エネルギーと時間の不確定性

ここで、ここまでの話を整理する。量子力学では「位置と運動量」や「エネルギーと時間」のような量の間で不確定性が存在する。その中で「エネルギーと時間」という不確定性において、エネルギーが確定した状態が、光子（状態）なのである（エネルギー確定＝時間が不確定＝位相が決まらない）。中でも、式2－1のnが1であるとき、単一光子あるいは光子1個と呼ぶ。

光子1個の場合の電場の時間依存性は図3－5のようになる（時間依存していない、つまり時間に関係なく一定である＝位相がない）。また、1つの光子のエネルギーは、式2－1から

$$E_1 = h\nu \left(1 + \frac{1}{2}\right) \qquad (式4－1)$$

第4章　レーザー光と量子ゆらぎ

電場

時間

図4-8　「0個」の光子

となる。あえて括弧の中を計算して$\frac{3}{2}$としなかったのは、光子の「本当の」エネルギーは$h\nu$であり、$\frac{1}{2}h\nu$は別のエネルギーと考えたかったからである（$\frac{1}{2}h\nu$は先ほど述べたsin成分とcos成分のゆらぎに相当）。というのも、光子0個に相当する$n=0$の場合でも$E_0 = \frac{1}{2}h\nu$（光子半分＝$\frac{1}{2}$個のエネルギー）となり、エネルギーは0にならないからである。実際、量子化された光の電場は、$n=0$の場合、図2-3の振り子の$n=0$のときと同様、図4-8のようになる。

したがって、光子0個でも光子$\frac{1}{2}$個分の「さざ波」は存在し、平均として0であるがエネルギーとしては0にはならない。この「さざ波」を「真空場」あるいは「零点エネ

ルギー」と呼ぶことがある。もちろん、原子核のまわりを回っている電子の運動でいえば、図1－4の状態となっている。

　以上のように量子が0または自然数個しか存在し得ないため、小数点以下を「四捨五入」する必要があり、そのためデジタイジングエラーとしてのゆらぎ＝$\frac{1}{2}hv$が発生してしまうのである。

第5章 量子エンタングルメント

EPRのパラドックス

　量子化について述べてきたが、最も「量子らしい」性質は量子もつれ（quantum entanglement：量子エンタングルメント）と呼ばれるものである。なお、本書では以降「量子エンタングルメント」に統一する。量子エンタングルメントは量子力学の黎明期に、アインシュタインらが量子力学の「不完全さ」を示すために提案した思考実験——アインシュタイン・ポドルスキー・ローゼン（EPR）のパラドックス——に端を発する。

　ここであらかじめ断っておきたいことがある。明示はしなかったが、前章までは主に1つの量子（系）（振り子やレーザービーム、あるいは電子）についていろいろな角度から説明を試みてきた。

　ずっと述べてきたように、そこでの基本原理は不確定性原理であり、そこから重ね合わせの状態などが導き出された。この章ではそれを発展させ、2つの量子（系）での量子力学、特に重ね合わせ状態＝量子エンタングルメントについて述べる。

　1つの量子（系）では不確定性原理により1つの物理量（例えば位置）のみしか決められなかったが、2つの量子（系）では2つの物理量、例えば片方で位置、もう片方で運動量、さらに言うと、以下に述べるように、2つの量子の相対位置（2つの量子の間の距離）と運動量の和（合計運動量）を、不確定性原理を破らずに決めることができる。この一見当たり前のことがアインシュタインらによ

第5章　量子エンタングルメント

り、パラドックスとして量子力学に突きつけられたのである。と言うことで、EPRのパラドックスの話を始める。

EPRのパラドックスには量子が2つ登場する。量子2つであれば何でも良く、具体的には原子2つでも光子2つでも何でもオーケーである。これらの量子をA、Bと名付けよう。今まで述べてきたように、量子A、量子Bそれぞれにおいてその「位置x」と「運動量p」、あるいは「エネルギー」と「時間」の間に不確定性関係、つまり同時に決められないという関係がある（光の場合、前述したように「位置x」と「運動量p」は、cos成分、sin成分と読み替えてほしい）。

しかし、量子A、B間の距離（$x_A - x_B$）、量子A、Bの合計運動量（$p_A + p_B$）（光の場合、$x_A - x_B$はcos成分の振幅の差、$p_A + p_B$はsin成分の振幅の和と読み替えてほしい）のように、2つの物理量を量子個別に決めなければ、量子力学に矛盾せずに同時に決めることができる場合がある。アインシュタインらは、この量子A、B間の距離（$x_A - x_B$）と量子A、Bの運動量の合計（$p_A + p_B$）が同時に定まった値となる状態、例えば両方ともK（簡単のため次元の違うものを1つの文字で表す）を準備できれば、次のような矛盾が生じ量子力学は不完全だと主張した。

「量子Aの位置を測定して$x_A = L$を得たとすると、$x_A - x_B = K$から量子Bの位置は測定しなくても$x_B = L - K$ということがわかる。このとき量子Aの運動量は不確定性から決められない。しかし、まだ量子Bの運動量は測定にかけられていないので、量子Bの運動量を測れば量子Bの運動量はわかる。

すると、量子Bの位置と運動量の両方が決まってしまい、量子力学の根幹である不確定性を破ることになり、量子力学に矛盾する（量子Aの運動量の測定から始めても同じ議論ができる）。したがって、量子A、B間の距離（$x_A - x_B$）と量子A、Bの合計運動量（$p_A + p_B$）が同時に定まった状態の存在を許す量子力学は不完全な理論である」

この主張に対し、ボーアがアインシュタインの相対性理論の一部である「情報の伝達は光速を超えない」を用いて反論し、量子力学には矛盾がないことを示した。その主張は以下のようなものである。

量子Aの位置測定結果が量子Bの場所に伝わって初めて、量子Bの場所で量子Aの位置、したがって量子Bの位置もわかることになる。一般的に量子AとBの場所は空間的に離れているから、量子Aの位置情報が量子Bの場所に到達するのに、光速で制限される有限な時間がかかる。したがって、量子Bの場所で量子Bの位置が判明するためにはその分遅れるから、量子Bの場所でその位置と運動量は同時には決まらないことになる。

量子のペアは存在する?!

とはいえ、空間的に離れた量子A、Bにおいて、片方への測定の影響がもう片方へ及ぶ、つまり、量子Aの位置を測定すれば、量子Bが「位置の決まった状態」になるという、我々の感覚とは相反する、2つの量子で構成される状態が存在し、これはおかしいとしたアインシュタインらの主張（アインシュタインは'spooky'と表現した）が退け

られたわけだから、あまり良い話ではない。つまり、量子力学では、片方の量子の測定の影響がもう片方の量子に及ぶ量子ペア（2つの量子）が存在しても良いのである。

　ここで注意しなければならないことは、先ほど述べたように、2つの量子の相対位置（2つの量子の間の距離）と運動量の和（合計運動量）という2つの量子において2つの物理量が決められているに過ぎないということである。つまり、このことは量子力学の根幹である不確定性原理に全く抵触しない「普通の話」なのである。

　ただ、気持ち悪いのは、2つの量子が空間的に離れているために、一種の遠隔作用となっていることである。そうは言っても、このことは実験的に証明されているので文句の言いようはない。筆者は空間的には離れているが、2つの量子は一体だと思って気持ち悪さを我慢している。

　いずれにしても、このような量子ペアは実際に存在し、パラドックスの提唱者にちなんでEPRペアと呼ばれている。また、2つの量子間でこのような関係があるとき、2つの量子はエンタングルしている（もつれている）と呼ぶ。さらに、このような状況を量子エンタングルメントと呼ぶ。

1930年代の思考実験

　ここまでは文章ばかり使って説明してきたので、ここではEPRペアのイメージを図で示してみる（詳しくは次章で述べる。図6－1参照）。図5－1は量子Aと量子Bの間の距離が0（$x_A - x_B = 0$）、量子Aと量子Bの合計運動量も

量子Aの位置

x_A

時間

量子Bの位置

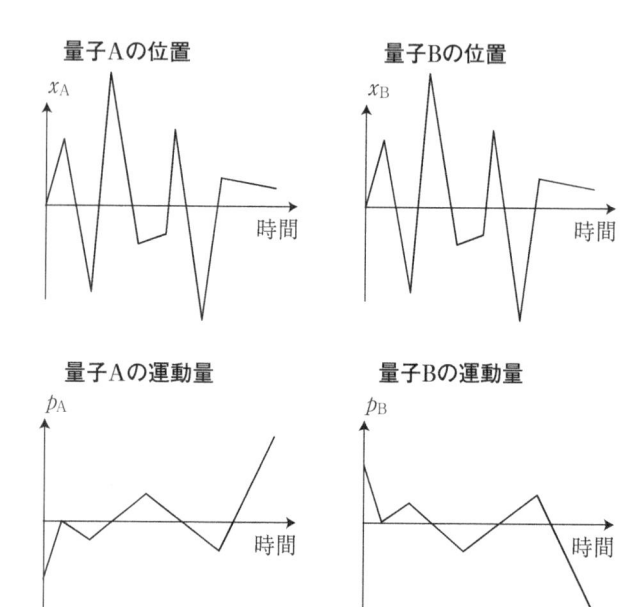

x_B

時間

量子Aの運動量

p_A

時間

量子Bの運動量

p_B

時間

図5-1　量子Aと量子Bの間の距離が0（$x_A - x_B = 0$）、量子Aと量子Bの合計運動量も0（$p_A + p_B = 0$）の場合のEPRペアのイメージ　それぞれの図の横軸は時間としているが、全く同じ状態にあるEPRペアを大量に用意し、時々刻々それらを1つずつ測定することに相当している。また、縦軸はそれぞれの測定値に相当している。

0（$p_A + p_B = 0$）の場合のEPRペアのイメージである。

このイメージは、全く同じ状態にあるEPRペアを大量に用意し、各ペアで同時にそれぞれ位置または運動量（スピード）を測り（もちろん、位置と運動量の同時測定はできないので、例えば量子Aの位置を測定したら量子Bの位

置を測定する)、その結果を横に並べたものとなっている(横軸は時間軸としているが、全く同じ状態にある異なったEPRペアに時々刻々同じ測定を繰り返していると思ってほしい)。

明らかに、位置に関しては量子AもBも同じ値、つまり$x_A - x_B = 0$の関係があり、運動量に関しては運動の方向が反対なのでプラス・マイナスが入れ替わった値、つまり$p_A + p_B = 0$の関係があることがわかる。

繰り返しになるが、重要なことは、不確定性原理から、1つの量子において位置と運動量という2つの物理量は同時に決められないが、2つの量子では、相対位置と運動量の和のように、同時に2つ決められることである。

この結果、$x_A - x_B = 0$と$p_A + p_B = 0$のように、2つの量子で相対位置と運動量の和が確定し、イメージを図示すると、図5-1のようになるのである。もちろん、量子Aと量子B個々で位置と運動量は同時に決められないので、同じ状態にある量子Aと量子Bのペア(EPRペア)を多数準備する必要がある。

以上の話はもちろん、1930年代の思考実験の話であり、現在では実験によりパラドックスではないことが検証されている。

光子の量子エンタングルメント

量子エンタングルメント(もつれ)についてもう少し話を続ける。

ここまでの話は連続的に変化しうる位置や運動量につい

ての量子エンタングルメントについて話をしてきたが、光子の数のような0および自然数しか許されない物理量での量子エンタングルメントについて述べようと思う。

物理では光子0個、1個の状態をそれぞれ$|0\rangle$、$|1\rangle$と書く。ここで光子0個とは図4-8の状態、光子1個とは図3-5の状態である。

光ビームA、Bとして、それぞれ光子1個が適当なタイミングで飛んできたとしよう。その場合、光ビームA、Bの状態としては、$|0\rangle_A|0\rangle_B$、$|0\rangle_A|1\rangle_B$、$|1\rangle_A|0\rangle_B$、$|1\rangle_A|1\rangle_B$の4つの状態とその重ね合わせ状態が存在する（$|0\rangle_A|0\rangle_B$は光ビームAに光子0個、光ビームBにも光子0個という意味である）。

この中で最も簡単なエンタングルした状態は、

$$\frac{1}{\sqrt{2}}(|0\rangle_A|0\rangle_B + |1\rangle_A|1\rangle_B) \qquad （式5-1）$$

である。突然$\frac{1}{\sqrt{2}}$が出てきて申し訳ないが、これにはとりあえずあまり意味はないから無視しよう。

この式は、光ビームA、B両方とも光子0個である状態と両方とも1個である状態の重ね合わせという意味である。また、この状態を図で描くと、図5-2のようになる。

図5-2の状態で、光ビームA、Bそれぞれで光子数を測定すると、光ビームAで光子が0個であれば、光ビームBでも0個となっており、光ビームAで光子が1個であれば、光ビームBでも1個となっている。このような状況を

第5章　量子エンタングルメント

光子検出器

光ビームA

光ビームB

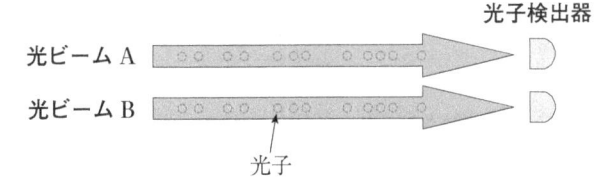

光子

図5-2　エンタングルした2つの光ビームA、B　これらで光子数を測定し、光ビームAで光子が0個であれば、光ビームBでも0個となっており、光ビームAで光子が1個であれば、光ビームBでも1個となっている。ただし、0個であるか1個であるか測定してみないとわからない。つまり、重ね合わせの状態となっている。

相関があるという。つまり、片方を決めれば自動的にもう片方も決まる関係になっている。ゆえに、このことから、光ビームAとBはエンタングルしていると結論したくなる。

残念ながら、そうでもないのである。片方を決めればもう片方が決まる例としては、図5-3のように、ビー玉を両方の手で1つずつころがした場合でもそうなる。もちろん、この例は量子エンタングルメントではない。

どこが違うのだろうか？　実は、図5-2の状況では、測定してみないと、神様でも0個であるか1個であるかわからない。それに対し、図5-3の状況では、少なくともビー玉をころがしている人は0個であるか1個であるか知っているのである。言葉を換えると、図5-2の例では、光ビームA、Bは光子0個と1個の重ね合わせの状態となっているが、図5-3の例では、ビー玉は重ね合わせの状

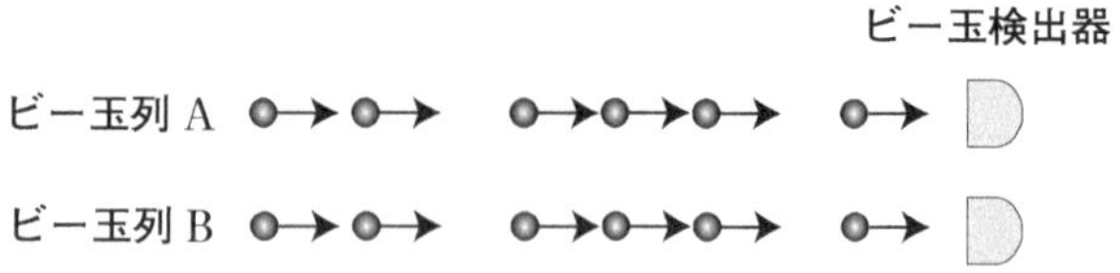

ビー玉列 A ●→ ●→　　●→●→●→　　●→　　] ビー玉検出器

ビー玉列 B ●→ ●→　　●→●→●→　　●→　　]

図5-3　ビー玉列A、Bの場合　これらは全くエンタングルしていない。

態にはなっていない。つまり、重ね合わせの状態にあることが重要なのである。

重ね合わせだからこそ

それでは重ね合わせの状態となっていると何が起こるのであろうか？　この疑問に対する答えは、言葉では不可能なので式を用いて説明する。

式5-1は以下のように変形できる。

$$\frac{1}{2\sqrt{2}} \left[(|0\rangle_A + |1\rangle_A)(|0\rangle_B + |1\rangle_B) + (|0\rangle_A - |1\rangle_A)(|0\rangle_B - |1\rangle_B) \right] \quad (式5-2)$$

例によって、先頭の$\frac{1}{2\sqrt{2}}$にはあまり意味はないから無視してほしい。さらに、これも式5-1のときと同じように、光ビームA、B両方とも「光子数0個と1個をプラスで重ね合わせた状態」($|0\rangle + |1\rangle$)と、両方とも「光子数0個と1個をマイナスで重ね合わせた状態」($|0\rangle - |1\rangle$)の重ね合わせになっているといえる。また、このような式変

第5章　量子エンタングルメント

|0⟩

重ね合わせ ＝ |0⟩＋|1⟩

|1⟩

|0⟩

重ね合わせ ＝ |0⟩－|1⟩

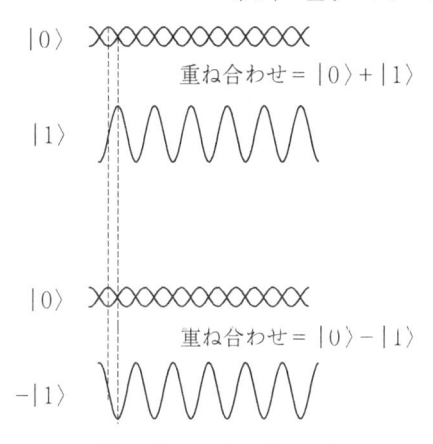

－|1⟩

図5-4　「光子数0個と1個をプラスで重ね合わせた状態」（|0⟩＋|1⟩）と、「光子数0個と1個をマイナスで重ね合わせた状態」（|0⟩－|1⟩）のイメージ　光子0個（|0⟩）と光子1個（|1⟩）は、波動として考えるとそれぞれ図4－8、図3－5のように位相が全く定まらない波であるが、重ね合わせるときは相対位相だけ定まる。もちろん、光子0個（|0⟩）と光子1個（|1⟩）それぞれの位相については、測定してみないとわからない。

形が可能なのは、元々が重ね合わせの状態だからであることに注意してほしい。

ここで、図5－4を用いて、「プラスで重ね合わせ」や「マイナスで重ね合わせ」ということについて説明する。前章で見てきたように、光子0個（|0⟩）は、波動として考えると図4－8のように位相が全く定まらない波であっ

た。同様に、光子1個（$|1\rangle$）も図3−5のように位相が全く定まらない波であった。

ただ、これらを重ね合わせるとき、相対位相だけ定まった関係になっている。もう少し詳しく言うと、光子0個（$|0\rangle$）と光子1個（$|1\rangle$）は位相が4分の1波長（90°）ずれた波であり、$|1\rangle$と$-|1\rangle$は位相が4分の3波長（270°）ずれた波である。もちろん、光子0個（$|0\rangle$）と光子1個（$|1\rangle$）それぞれの位相については、測定してみないとわからないことに注意が必要である。

気づいたと思うが、重ね合わせとは元々波動の干渉のことであり、光子のような粒子像にはなじまない。そこが「諸悪の根源」である。逆に光子を波動と考えてしまえば、当たり前のことを言っているに過ぎない。いずれにしても、量子力学では常に量子の波としての性質を考慮しなければならない。この部分が量子力学の最も難しい（直感に合わない）部分である。

さらに、量子エンタングルメントでは、2つの量子の重ね合わせを考えなければならないから、状況はさらに深刻である。ちなみに、次章では波動を用いて、「こってりと」量子エンタングルメントについて説明するので、楽しみにしていてほしい。ということで、ここでは式5−2の表面的な解釈のみをする。

方法は明らかではないが、図5−5のように、「光子数0個と1個のプラスの重ね合わせ」（$|0\rangle+|1\rangle$）と「光子数0個と1個のマイナスの重ね合わせ」（$|0\rangle-|1\rangle$）を測定によって区別することができるとする。

そうすると、式5−2から、光ビームAで$|0\rangle+|1\rangle$であ

第5章　量子エンタングルメント

|0⟩+|1⟩か
|0⟩-|1⟩か
を明らかにする
測定器

光ビーム A

光ビーム B

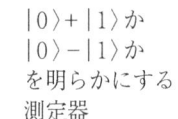

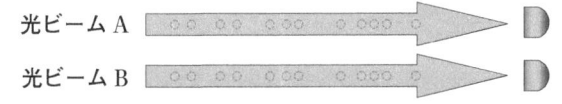

図5-5　エンタングルした2つの光ビームA、B　これらで|0⟩+|1⟩（光子数0個と1個をプラスで重ね合わせる）と|0⟩-|1⟩（光子数0個と1個をマイナスで重ね合わせる）を明らかにする測定をする。

れば光ビームBでも|0⟩+|1⟩となり、光ビームAで|0⟩-|1⟩であれば光ビームBでも|0⟩-|1⟩ということがわかる。つまり、片方を決めれば自動的にもう片方も決まる関係になっている。

ここで重要なのは、式5-2の式変形では、光ビームA、Bには手を触れず、単に測定の仕方を変えただけとも解釈できることである（式5-2は単に式5-1を変形しただけだからである）。

それに対し、図5-3のビー玉の状況は、そもそも重ね合わせの状態などない世界の話だから、式5-1から式5-2への変形はできるはずもなく、したがって、ビー玉のあるない以外に、片方を決めればもう片方も決まるという状況は存在しない。

つまり、ビー玉には、「0個と1個をプラスで重ね合わせた状態」などありようはなく、いわんや「0個と1個をプラスで重ね合わせた状態」と「0個と1個をマイナスで重

ね合わせた状態」を区別することなどできない。もっと端的に言うと、ビー玉には波動性はなく、したがって重ね合わせの原理も成り立たないのである。

これが、量子エンタングルメントと古典的な相関（ビー玉のように片方のあるないがわかればもう片方が決まる一面的な関係）の違いである。量子エンタングルメントでは、光子が0個か1個か、あるいは「0個と1個をプラスで重ね合わせた状態」か「0個と1個をマイナスで重ね合わせた状態」かのように、視点を変えても常に相関は存在し続けるのである。

したがって、古典的な（一面的な）相関に比べ、量子エンタングルメントは非常に強い多面的な相関であることがわかる。もちろん、キーは量子状態における重ね合わせの存在ということもできるし、量子に波動性があるからともいえる。

ちなみに、DNAの塩基の組み合わせは相関とも考えられるが、DNAの塩基に波動性はないから、これは重ね合わせの状態とはなっていない。したがって、ビー玉のような古典的な（一面的な）相関である（量子エンタングルメントではない）。そのため、量子コンピューターのような効率の高いコンピューターをつくることはできない。

波であることの証明

次の章に移る前に、もう1つだけ連続的には変化しない量の量子エンタングルメントの例について述べる。それは、以下に示す式の状態である（式ばかり使って申し訳な

第5章　量子エンタングルメント

い。これしか方法がないのである)。

$$c(|0\rangle_A|0\rangle_B + |1\rangle_A|1\rangle_B + |2\rangle_A|2\rangle_B \\ + |3\rangle_A|3\rangle_B + |4\rangle_A|4\rangle_B + \cdots)$$
　　　　　　　　　　　　　　　　（式5-3)

　この式の読み方は例によって、先頭のcにあまり意味はないから無視し、光ビームA、Bが両方とも光子0個、1個、2個、3個、4個、……である状態の重ね合わせになっている。
　当然、光ビームAで光子数を測って0個であれば、光ビームBでも0個、光ビームAで光子数を測って1個であれば、光ビームBでも1個、……以下同様の関係になっている。
　量子エンタングルメントであることを示すには、式5-1を式5-2に変形して示したように、視点を変えても相関があることを示すことが必要である。ただ、これは式を使っても初学者には極めて難しい（大学3、4年生レベルである）。それでもあえてこれについて説明するのは、量子エンタングルメントが波の性質であることを示す良い例だからである。ただ、ここでは非常に簡単な説明をするに留める。
　式5-3を変形し、別の視点（物理量）での相関を示すためには、やはり波としての性質を用いる。詳しくは述べないが、光（電磁波）の$\cos$成分（x）を用いると、式5-3は、図5-1のEPRペアのかたちに変形できる（光子そのものも波動であり、その重ね合わせも波動となっていることを用いているが、難しいので詳しくは述べない）。つ

まり、難しく書くと、

$$\int_{-\infty}^{\infty} |x\rangle_A |x\rangle_B dx \qquad （式5-4）$$

に変形できる。ここで、積分を用いたが、積分とは連続的に変化するxのすべての値について重ね合わせるという意味である。

この式から、光ビームAでcos成分の振幅を測定しxという値を得たとすると、光ビームBのcos成分の振幅は測定しなくてもxであることがわかる（図5-1の上2つの関係）。つまり、別の物理量でも相関があり、エンタングルしていることを示すことができた。

同様に、式5-3は以下のかたちにも式変形できる。

$$\int_{-\infty}^{\infty} |p\rangle_A |-p\rangle_B dp \qquad （式5-5）$$

つまり、光ビームAでsin成分の振幅を測定しpという値を得たとすると、光ビームBのsin成分の振幅は測定しなくても$-p$であることがわかる（図5-1の下2つの関係）。

これらの様子をまとめると、式5-3の状態にある光ビームA、Bでは、片方の光子数を測定しn個であることがわかると、もう片方でも光子数はn個であり、片方でcos成分の振幅を測定しxであることがわかると、もう片方でもcos成分の振幅はxである。

sin成分でも似たような関係がある。別の言い方をすると、光ビームA、Bでは、光子数、振幅、位相どれでも、片方を測定によって決めれば、もう片方は測定しなくても決まるという関係になっている。このように、量子エンタングルメントでは種々の物理量の間で相関が存在し、そのキーは重ね合わせの状態にあることである（式変形できることである）。

粒子としての性質はおまけ

この章を終えるにあたり、量子エンタングルメントについてまとめよう。

量子エンタングルメントとは、2つの量子（系）で2つの物理量が確定している重ね合わせ状態である。ここで、2つの物理量は個々の量子個別の物理量ではなく、2つの量子の情報を含むもの、例えば、2つの量子の相対位置や運動量の和である。また、位置を $\{|0\rangle, |1\rangle\}$（$|0\rangle$ または $|1\rangle$）とし、運動量を $\{|0\rangle+|1\rangle, |0\rangle-|1\rangle\}$（$|0\rangle+|1\rangle$ または $|0\rangle-|1\rangle$）とすれば光子数でも全く同じことが可能となる。これらの場合、個々の量子の物理量は決まっているわけではないから、あらゆる値を取る可能性があり、そのため、それらの値が確定した状態の重ね合わせとなるのである。

この章の最初で述べたが、1つの量子（系）で1つの物理量を決めることに、不確定性原理あるいは量子力学は何の制限も与えない。したがって、1つの物理量が完全に定まった量子（系）は存在する。同様に、2つの量子（系）

で2つの物理量が決まることも、不確定性原理に反しない。したがって、そのような状態も存在しうる。ただ、このときの物理量の選び方が、2つの量子にまたがったもの（nonlocalあるいはglobalと呼ばれる）となったときに、重ね合わせの状態になり、量子エンタングルメントが現れるのである。

何度も言うが、重ね合わせの状態は、量子（系）の波としての性質の発現であり、波を使ってしか説明することができない。したがって、元々粒子性が強い量子、例えば電子のようなもので重ね合わせの状態を初学者に（プロに対しても）説明するのは非常に難しい。何故なら、「量子は粒子でも波でもある」なんてどんなに言っても、日常経験から受け入れられるはずもないからである。

それに対し、光は元々波なので、光子という粒子としての性質を「おまけ」と考えれば、それなりに受け入れてもらえるかもしれない。

これで十分に2つの量子や光ビームの間の量子エンタングルメントの概念について説明したので、と、うまく我田引水できたので、次の章では、EPRペアを実際の実験室で生成する方法の1つである、量子光学を用いた方法について述べる。実は、この方法は筆者らが実際に行っている方法でもある。

第6章 量子光学を用いてEPRペアを生成するための準備

光子を波として考える

EPRペアを生成する最も直感的な方法は、図6−1のように1つの量子を2つに分裂させることである。これは、前章の$x_A - x_B = p_A + p_B = K = 0$の場合に相当している。この例では、量子は分裂前、$x$方向に一定の速度で移動していて、突然、等しい重さの量子A、Bに分裂している。

分裂後（運動量保存則：全体の運動量＝重さ×スピードは、分裂の前後で変化しないから）y方向の運動量は、量子Aがp_Aであれば量子Bは$p_B = -p_A$となる（運動量は保存しているが、重さが半分になったため、速度は保存していない）。つまり、$p_A + p_B = 0$となっている。

また、分裂してもx方向の位置は量子A、Bともに$x_A = x_B$であるから、$x_A - x_B = 0$となり、y方向の運動量と合わせてEPRペアとなっていることがわかる。

しかし、電子や原子核のようなわかりやすい実体を持つ量子において、それを2つに分裂させることは極めて難しい（不可能ではないが）。それに対し、光子のようにわかりやすい実体がない量子、もっというと元から波の量子にとっては、大して難しい問題ではない。

図6−2のように、1つの光子が振幅はそのままで周波数（振動数）半分（波長が2倍）の光子に分裂する過程が、1つの量子を2つに割ることに対応する。つまり、式2−1で見たように、光子のエネルギーは振動数（周波数）νに比例する。したがって、周波数半分の光子になるということはエネルギーが半分になることに相当するが、エネ

第6章 量子光学を用いてEPRペアを生成するための準備

分裂前

分裂後

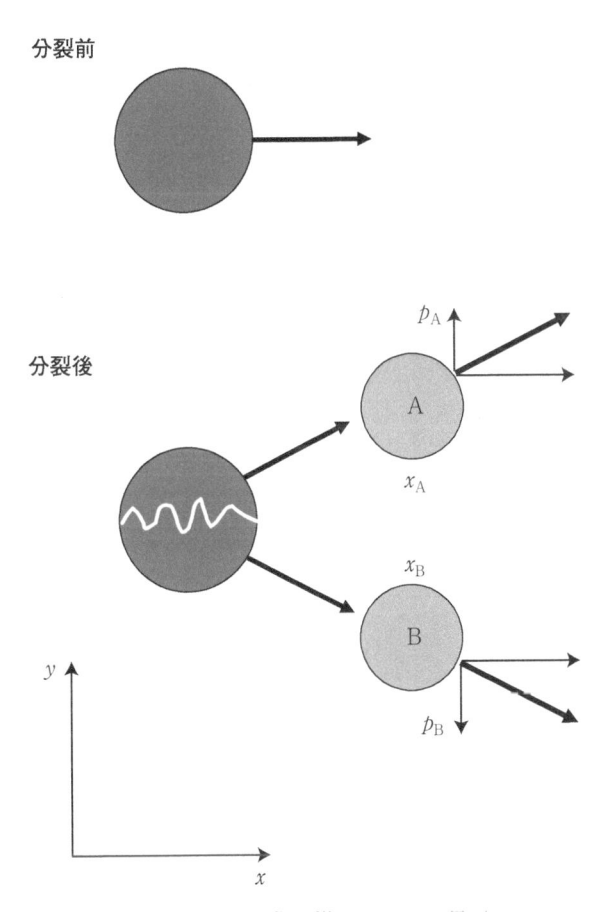

図6-1 EPRペアの生成の様子 1つの量子が2つに分裂しEPRペアが生成される。

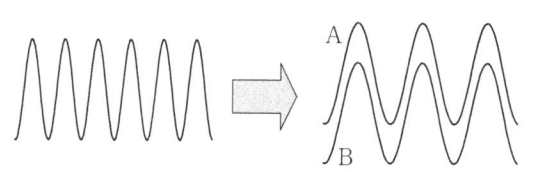

図6-2 光のEPRペアが生成される様子 光子1個の状態は、図3−5のようだと説明しておきながら、この図では単なる波のように書いている。そのようにした理由は、図3−5のような状態でも、位相が決まらないが波であることには違いないからである。後でわかってくると思うが、ここでは光子が粒子としての性質ではなく、波としての性質が極めて重要である。また、この後も光子をこのような波の形で記述するが、あくまでも説明のためである。真の姿は図3−5である、というよりグチャグチャな波の重ね合わせ＝図3−5であることを忘れてはならない。

ルギー保存則により周波数半分の光子は2個となる。

誤解がないようこの過程を念のため式で書くと、

$$h\nu = 2 \cdot h\frac{\nu}{2} \qquad (式6-1)$$

となる。ここで、hは例によってプランクの定数、νは元々の光子の周波数、$h\nu$は元々の光子のエネルギーであり（零点エネルギーは除く）、$\frac{\nu}{2}$は半分の周波数、$\frac{h\nu}{2}$は

第6章　量子光学を用いてEPRペアを生成するための準備

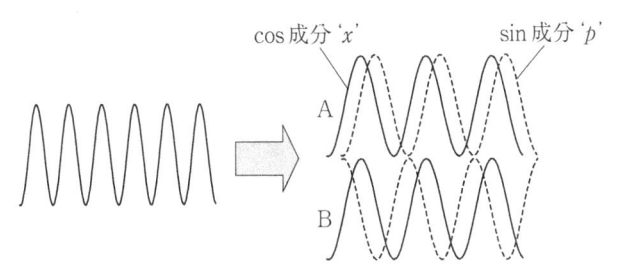

図6-3　光のEPRペア生成の様子をもう少し詳細に記述　分裂後の実線は波のcos成分、破線はsin成分である。

半分の周波数の光子のエネルギーである。右辺と左辺が等しいのはエネルギー保存則が成り立っているからであり、したがって、周波数νの光子1個から半分の周波数$\frac{\nu}{2}$の光子2個が生成されることがわかる。

　これがどのようにEPRペアになっているかを見るために、同じ図を図6-3のようにsin成分、cos成分に分けて表してみる。ただし、注意してもらいたいのは、分裂して生成された2つの波が空間的に近い場合（この例ではそうなっているが）、位相が反転している波は打ち消し合うので観測できないことである。図6-3の場合、sin成分がそうなっており、空間的に離すことができなければ観測することはできない。

　第4章で行ったように、xをcos成分の大きさ（プラス・マイナスの符号を含む）、pをsin成分の大きさとすれば、$x_A - x_B = 0$、$p_A + p_B = 0$となり、EPRペアとなっていることがわかる。

電子 ━

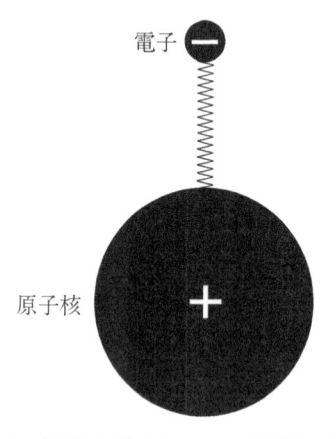

原子核 ＋

図6-4 物質を構成している原子の様子
電子と原子核でできており、これらがバネで繋がれたように振る舞う。

　それでは、図6-2のように、1つの光子が周波数が半分（波長2倍）の光子に分裂する過程とはどうすれば実現できるのであろうか？　それを考えるためには、光が（透明な）物質に入射したときにどのようなことが起きているかを理解しなければならない。

　図1-3で古典的な原子模型を与え、図1-4でその量子力学的な描像を与えた。いずれの場合でも、光と物質との相互作用を考える場合、図6-4で示したように、電子と原子核はバネで繋がれたように振る舞う（雲のようになった軌道の範囲内で動く）。もちろん、光の周波数がある条件（共鳴条件という）を満たすと、電子は図1-4の状態から図4-1の状態へ移るが、ここではそれは考えないことにする。つまり、光の周波数は共鳴条件を満たしていな

いとする（光子のエネルギーはそこまで大きくないとする）。

ここでちょっと脱線するが、光の強さと光子のエネルギーについて整理しておく。

光が強いとは、波で考えると、波動の振幅が大きいことである。光子という粒子で考えると、光子の数が多いということである。これは、これまでの議論で理解してもらったと思う。しかし、このことと光子のエネルギーが大きいということは全く違う概念である。

例えば、波長1000ナノメートルの赤外線と波長500ナノメートルの青緑の光では、光子1個のエネルギーを比べた場合、青緑の光子の方がエネルギーが大きい。青緑の光は波長が半分だから、周波数は2倍になり、そのため光子のエネルギー $h\nu$ も2倍になる。しかし、赤外線と青緑の光のどちらが強いかは、それぞれの振幅あるいは光子の数で決まるので、ケースバイケースである。

したがって、ここでは共鳴条件により光の周波数に制限を加えているだけであることに注意が必要である。

電磁誘導による光の放出

量子力学的に考えると、本来、電子は図1-4のように「雲」のような存在になる。ただ、雲といっても一様に存在確率があるわけではなく、最も存在確率が高くなる空間上の軌道が存在するので、そこからのずれを議論することにすれば（バネの釣り合いの位置からのずれと等価である）、図6-4のように単純化しても、それほど間違いはな

い(多少の補正は必要にはなるが)。

もう少し正確に言うと、電子は原子核のまわりを回っており、電子がマイナス、原子核がプラスに帯電しているため、(クーロン力により)引き合っている。これだけだと、時間が経つと電子は原子核に引き込まれぶつかってしまうが、電子は「量子化された準位」にいるためそれを免れている。「ざっくり」言うと、不確定性原理から、電子は原子核の位置に留まると無限大の運動量になるためそのようなことは起きず、電子は原子核から少し離れた軌道を周回することになる。これについては第1章で述べた。

いずれにしても、電子は原子核とバネで繋がれたように、ある一定以上に離れることも近づくこともできないような状態(軌道上)にある。これがこれから説明する現象のキーとなっている。

光が物質中に入射すると、図6−5のように、時間的に振動する光の電場(もちろん正確には図3−4のようなものであるが、ここではイメージを与えるため、図3−1のようなものであると単純化している)により、マイナスに帯電している電子が振動する。ここで、電子のみが振動すると考えて良いのは、光の振動数(周波数)は非常に大きいので、重い原子核は追随できず、軽い電子しか実質的には動かないと考えて良いからである。電子が振動すると電磁誘導により、入射した光と全く同じ周波数の光を生成し放出する(図6−5の破線)。

もう少し詳しく説明すると、図6−5において、光の電場が①、②、③であるとき、電子は①下向きに最も大きな力を受ける、②力を受けない、③上向きに最も大きな力を

第6章 量子光学を用いてEPRペアを生成するための準備

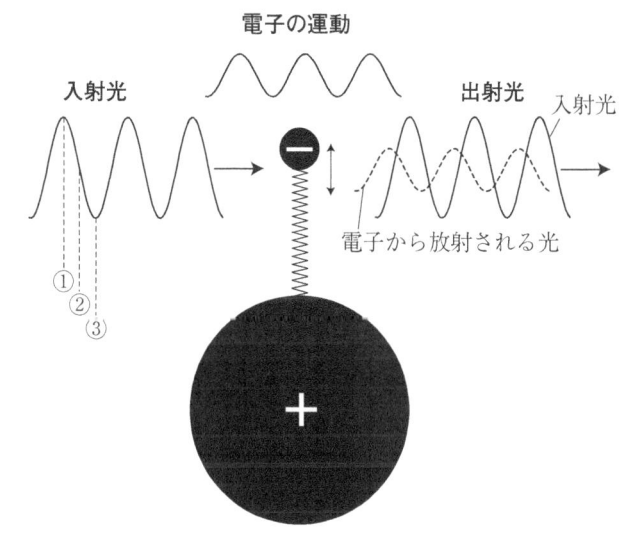

図6-5 物質に光が入射した場合 光の電場が①、②、③であるとき、電子は①下向きに最も大きな力を受ける、②力を受けない、③上向きに最も大きな力を受ける。したがって、電子は光の電場から周期的に上下の方向に力を受け、振動するようになる。電子はマイナス電荷を持っているから、この振動により電磁波を放射する。

受ける。したがって、電子は光の電場から周期的に上下の方向に力を受け、振動するようになる。電子はマイナス電荷を持っているから、この振動により電磁波を放射する（図6-5の破線）。ただし、電子から放射される光の位相は90°遅れる。なぜなら、電磁誘導は電子の加速度に比例するからである。

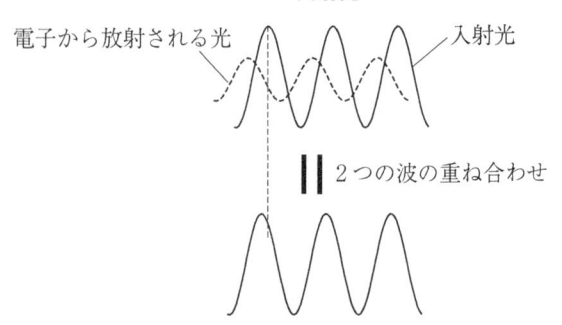

図6-6 入射光と電子から放射される光との重ね合わせ 入射光と電子が放射した光が重ね合わされ（干渉し）、出射光が形成される。このとき、出射光は入射光に対して位相が遅れる。

　そして、電子から放射された光と入射した光が合わさり（干渉し）、出射光となる（図6-6）。したがって、出射光は入射光と全く同じ周波数であるが、90°位相が遅れた波と合わさるため、位相が入射光に比べて遅れる。我々はこのことを「屈折率が1より大きい」と呼ぶ。ガラスに光が入ると起きる現象は正にこれである。
　ところが、入射光が強くなってくると（振幅が大きくなってくると）、このような「きれいごと」だけでは済まなくなる。
　まず、この例として、周波数が2倍（光子のエネルギー2倍）の光が放出される過程を説明しよう。この過程を説明するのは、これを説明しておくと、ある意味で逆過程である、周波数を半分にした光の生成過程を説明しやすくな

第6章　量子光学を用いてEPRペアを生成するための準備

るからである。

　入射光が強いとき、図6-7で示したように、電子と原子核を結びつけているバネが伸び・縮みの限界値まで達し、それ以上は動かない状況が生じる。この結果、電子の運動は単純な振動ではなくなり、模式的に描くと図6-7に示したように頭打ちのような運動となる。さらに、このような運動から放射される光は複雑な波形（破線）となる。

　もう少し丁寧に説明すると、図6-5の場合と同様に、光の電場が図6-7の①、②、③であるとき、電子は①下向きに最も大きな力を受ける、②力を受けない、③上向きに最も大きな力を受ける。したがって、電子は光の電場から周期的に上下の方向に力を受け、振動するようになる。

　ただし、①や③のとき、光は強すぎるので（光の振幅が大きすぎるので）、先ほど述べたように電子と原子核を結びつけているバネは伸びきってしまい、電子の振動のグラフを描くと、きれいなサインカーブではなく、歪んだものになってしまう。そのため、その振動の電磁誘導により放射される光もまた、非常に歪んだ波動となる。

周波数2倍の光を発生

　電子から放射される光についてもう少し詳しく見ると、バネが伸びきるあるいは縮みきる付近では急速にブレーキがかかるため、その加速度から電磁誘導により電磁波である光が放射される（繰り返しになるが、電磁誘導は加速度に比例する）。また、一旦伸びきったり縮みきったりした

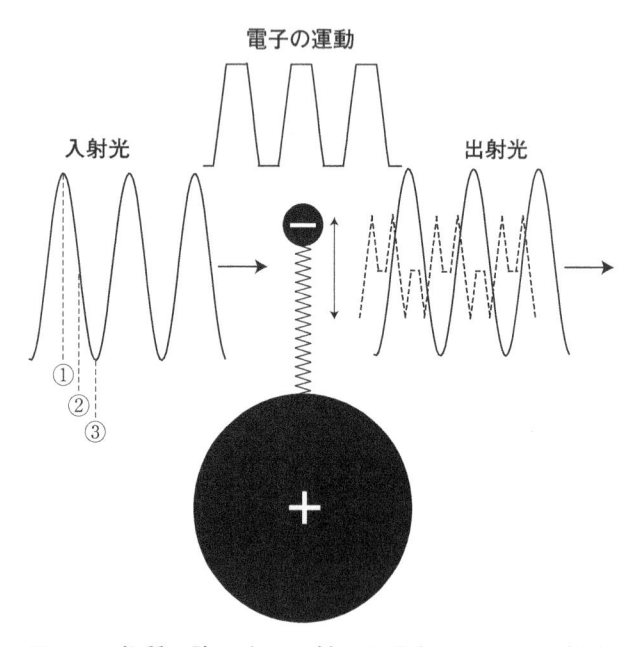

図6-7 物質に強い光が入射した場合 図6-5の場合と同様に、光の電場が①、②、③であるとき、電子は①下向きに最も大きな力を受ける、②力を受けない、③上向きに最も大きな力を受ける。したがって、電子は光の電場から周期的に上下の方向に力を受け、振動するようになる。ただし、①や③のとき、光は強すぎるので、電子と原子核を結びつけているバネは伸びきってしまい、電子の振動のグラフを描くと、きれいなサインカーブではなく、歪んだものになってしまう。そのため、その振動の電磁誘導により放射される光は、非常に歪んだ波動となる。

第6章 量子光学を用いてEPRペアを生成するための準備

電子から放射された光

伸びきった状態 ←→ ←→ ←→

←→ ←→ 縮みきった状態

＝

入射光の2倍の周波数

＋（重ね合わせ）

入射光と同じ周波数

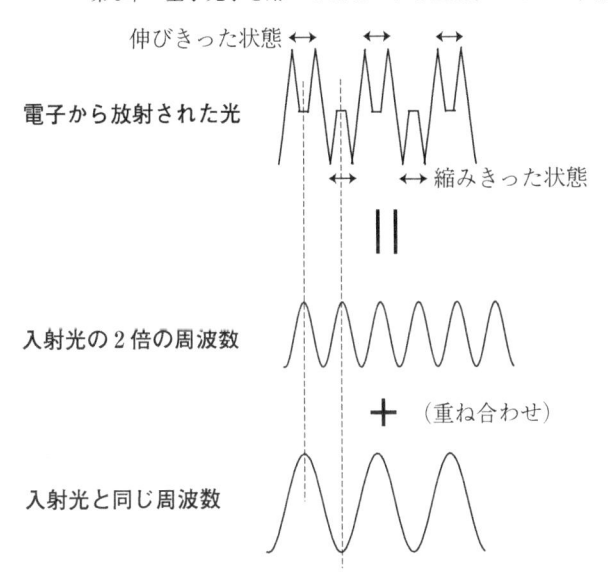

図6-8 周波数2倍の光が発生 電子から放射された光は、入射光の周波数の光と、入射光の2倍の周波数を持つ光の重ね合わせになっている。

後は、しばらくそのまま留まっているので加速度は0になり、何も放射されないことになる。したがって出射光は、図6-7の破線のような複雑な波形となる。

この複雑な波形は、図6-8のように、入射した光の2倍の周波数の光と入射光と同じ周波数の光の重ね合わせとなっているから、入射光には存在しなかった2倍の周波数（波長半分）の光を発生させていることになる。また、新たに生成された2倍の周波数の光のエネルギーは、エネルギー保存則によると入射光から供給されたことになり、入

図6-9 筆者の研究室で行っている周波数2倍の光の発生実験 真ん中の光っている直方体の部分が結晶であり、赤外光(波長:860ナノメートル)から青紫(波長:430ナノメートル)への変換を行っている。写真右下から赤外光が結晶に入射し、左上の紙に向かって青紫色の光が出射されている。

射光が2倍の周波数の光に変換されたといってもよい。

 ちなみに、入射光と同じ周波数の光と2倍の周波数の光はプリズムなどで分けることができるから、入射光の2倍の周波数の光のみを取り出すことは容易である。

 実験室でこのようなことをするのは比較的容易である。筆者の研究室で行っている周波数2倍の光の発生実験の写真を図6−9に示す。現実の実験では、入射光の強度はあまり強くできないので、2倍の周波数に変換する物質は高反射率のミラーの間に置かれている。これはミラーの間を

往復する間に光が強め合い、通常の光より遥かに強い光にすることができるからである。

ただし、ここまでの話では、物質として透明であれば何でも良かったのだが、実際の実験となると、2倍の周波数の光がそれなりの強度を持つよう工夫する必要がある。

物質中には多数の原子、したがって多数の電子があるが、何もしないと図6-10の上のように、それぞれの電子から放射される2倍の周波数の光の位相はバラバラだから、打ち消し合って物質の外に2倍の周波数の光は出てこない。しかし、特別な結晶を用い、図6-10の下のように、個々の電子から放射される2倍の周波数の光の位相が揃うようにすると（これを位相整合と呼ぶ）、これらが強め合う干渉をし、十分大きな強度で外に取り出すことができる。

光子を2つに割る＝$\frac{1}{2}$倍の周波数の光を発生

少し脇道に逸れてしまったが、本題の光のEPRペア生成法の実際に話を戻そう。

光のEPRペアの生成の本質は、1つの光子を2つに割ることである。実は、これも2倍の周波数の光を発生するのと同じようなメカニズムで達成できる。

まず、1個分の光子に相当する弱い光と、ポンプ光と呼ばれる、光子の2倍の周波数の十分強い光（バネの伸び縮みの限界値に近い強さの光）が図6-11のように原子へ入射したとする。ただし、前と同様簡単のため、光子1個の状態を単なる波動とした（本当は図3-5のように位相は

通常の場合

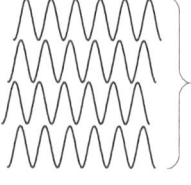

入射光の2倍の周波数 　打ち消し合って消えてしまう

位相整合された場合

入射光の2倍の周波数　　　強め合う

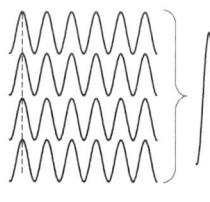

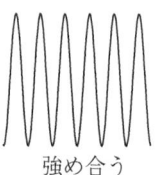

図6-10　位相整合の原理　何もしないと、それぞれの電子から放射される2倍の周波数の光の位相はバラバラだから、打ち消し合って物質の外に2倍の周波数の光は出てこない。個々の電子から放射される2倍の周波数の光の位相が揃うようにする（これを位相整合と呼ぶ）と強め合う干渉が起こり、取り出すことができる。

決められないが）。

　2つの光の位相関係が図6-11のようになっていた場合、2つの光の干渉の結果、ポンプ光は1周期ごとに①強まったり②弱まったりする。強まった部分では、電子がバネの縮みの限界値に近づくため大きなブレーキがかかり、電子の運動をグラフにすると、2倍の周波数の光を放射したときのようにサインカーブから大きく歪むことになる。

　このような歪んだ周期運動の中で、特に電子の動きに大きなブレーキがかかる部分で大きな加速度が発生し、その

電子の運動

入射光　　　　　　　　　**出射光**

ポンプ光
(2倍の周波数)
光子1個に相当

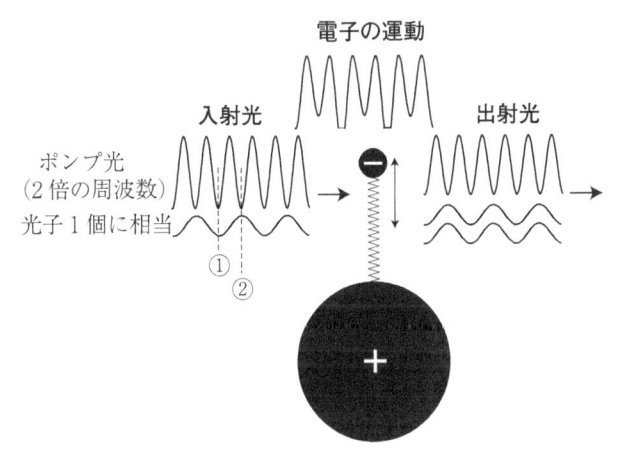

　　　①
　　　②

図6-11　原子に十分強いポンプ光とその半分の周波数の光子が入射　2つの光の干渉の結果、ポンプ光は1周期ごとに①強まったり②弱まったりする。強まった部分では、電子がバネの縮みの限界値に近づくため大きなブレーキがかかり、電子の運動をグラフにすると、2倍の周波数の光を放射したときのように、サインカーブから大きく歪むことになる。

結果電磁誘導により電磁波が発生する（図6-11の電子の運動で突然電子が止まったり、動き出したりする部分）。この周期（周波数）は、ポンプ光の周波数の半分なので、ポンプ光を生成する元になった周波数の光（図6-7の入射光）が発生することになる。

また、この光のエネルギーはポンプ光から供給されるので、ポンプ光つまり元の光の2倍の周波数の光が、1倍の周波数の光に変換されるともいえる。したがって、出射光としては図6-11のように、ポンプ光が若干弱まり、その

分1個分の光子に相当する弱い光が放射されることになる。元々入射していた1倍の周波数の光子と合わせると、合計2個分の光子が出射光として放射される。

　ここで重要なことは、ミクロに考えると、エネルギーは自由な値を取れず、光子1個、2個というような飛び飛びの値しか取れないことである。そのため、入射した、1個分の光子に相当する弱い光が強められるといっても、2倍のエネルギーつまり光子2個分になるしかないのである。もちろん、強められるので、元の光の位相は保存され、光子1個が全く同じ光子2個になるのである。

　また、光子発生のエネルギーは2倍の周波数の光（ポンプ光）から供給されるから、この過程は、図6-2で示した1つのポンプ光子（2倍の周波数の光子）が割れて2つの光子が生成されたともいえる。つまりエンタングルした光子対（EPRペア）が生成されたことになる（空間的には分離していない光子対なので正確にはEPRペアではない。このことについては後で述べる）。

　ただ、ここまでの説明だと、最初に光子1つを入射させなければならないから、「光子が割れる」という説明に違和感を覚える人がいると思う。しかし、実際は何も入射せず、図4-8の「真空場」が入射するだけである。「真空場」はどこにでも存在し、電場の平均としては0であるがエネルギーは0ではなく、「ゆらぎ」＝「さざ波」のような存在である（以前零点振動とも呼んだ）。

　真空場はどこにでも存在するから、その「さざ波」を入射した光子と考える。したがって、現実に我々が入射するのはポンプ光（2倍の周波数の光）のみとなるから、ポン

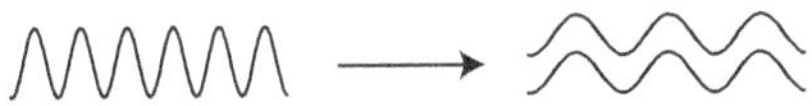

第6章 量子光学を用いてEPRペアを生成するための準備

ポンプ光　　　　　　　出射光

図6-12　図6-11における重要な部分のみを示す　入射のうち、2倍の周波数の光はその大半はそのまま出て行くので、その部分は引き去り、変化する部分のみ示す。また、入射のうち真空場は何も入射しないのと同じことなので、省略する。

プ光の光子が割れて半分の周波数の光子が2個生まれたと言っても良いのである（少なくともエネルギーは2倍の周波数の光から供給されている）。したがって、図6－12のようなことが起こっていることになる。また、以上のような過程を光パラメトリック過程と呼ぶ。

位相を制御する

　ここまでは1個の原子にポンプ光と光子が入射した場合を考えてきたが、実際の実験では原子が多数、つまり電子が多数存在する物質を扱うため、もう1つ考慮することがある。

　それは、2倍の周波数の光を生成したときと同様、位相整合（図6－10の下）を考えなければならない。つまり、特別な結晶を用いて、個々の電子が放射する光子の位相が揃うようにしなければ、外部で検出することはできない。

　もう少し話を進めよう。

1つの光子を割って2つの光子対＝EPRペアをつくるために、図6-11のような状況を考えた。しかし、このままではEPRペアとはなっていない。何故なら、生成された2つの光子は、同じ方向・タイミングで飛んでいて、空間的に分離できないからである。この場合、図6-3の説明で触れたように、図6-13のように、cos成分は強め合って生き残っているが、sin成分は消し合ってしまうから観測されない。実はこのような光をスクイーズド光と呼ぶ。つまり、同じ方向に2個ずつ光子が飛んでくるような光の状態である。

　この状態について、第4章にならって考察してみよう。

　通常の光（雑音が小さい電源で駆動されたLEDや白熱ランプから放射される光）は、図4-4で説明した自然放出が支配的で、図4-5にならって図を書くと、図6-14のようになる。つまり、光子が生成されるタイミングがランダムだから光の位相もランダムになっている。念のため注意しておくが、この図の矢印は光子の位相を表しており、あらゆる方向を向いているのは位相がランダムだからである。決してあらゆる空間的方向に光子が放出されているという意味ではない。

　それに対して、スクイーズド光について同様な図を書くと、図6-15のように、光の位相がランダムではなく、あるタイミングで光子が生成されるようになる。理由は以下の通りである。

　図6-16のように、入射する光子の位相を図6-11の場合から反転させても、同様に光子を生成する。ただし、このとき新たに生成される光子の位相は、入射光子と同様、

第6章 量子光学を用いてEPRペアを生成するための準備

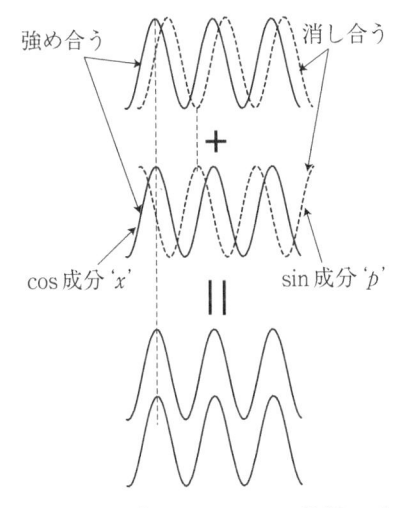

図6-13 光パラメトリック過程で生成された2つの光子の関係 cos成分は同位相で、sin成分は位相が反転している。しかし、2つの光子は同じ方向・タイミングで飛んでいくため分離できないから、EPRペアとは言えない。つまり、実際に観測されるのは、強め合って生き残ったcos成分のみで、sin成分は消し合っているため観測されない。

図6 – 11に比べて反転している。ここで重要なことは、ポンプ光の位相に同期した位相で入射した光子は強められるが、それからずれるとこの増幅は起こらないということである。したがって、強められる入射光子の位相は図6 – 11の場合と図6 – 16の場合の2とおりしかない。

さらに、図6 – 12のところで考察したように、入射する

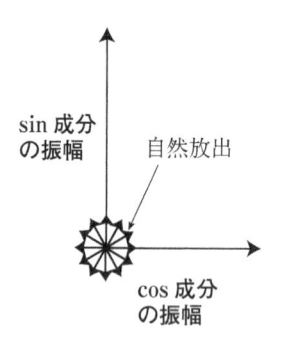

図6-14 通常の光の場合 図4－5にならって、通常の光(雑音が小さい電源で駆動されたLEDや白熱ランプから放射される光)の様子を記述。

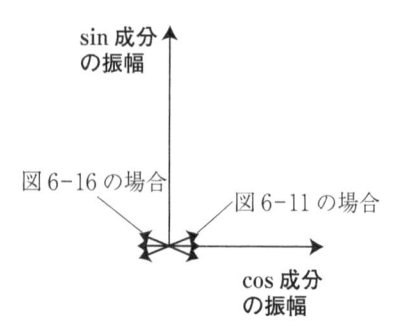

図6-15 スクイーズド光の場合 図6－14と同様に、スクイーズド光の様子を記述。メカニズムとしては図6－11の場合と図6－16の場合が等しく起こっている。

第6章　量子光学を用いてEPRペアを生成するための準備

電子の運動

入射光　**出射光**

ポンプ光
（2倍の周波数）
光子1個に相当

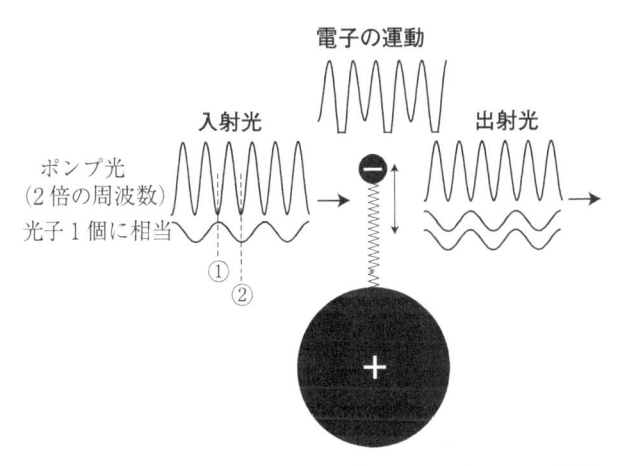

① ②

図6-16　原子に十分強いポンプ光とその半分の周波数の光子が入射　ただし、図6-11の場合に比べて、入射光子の位相が反転している。この場合でも、2つの光の干渉の結果、ポンプ光は1周期ごとに①弱まったり②強まったりする。強まった部分では、電子がバネの縮みの限界値に近づくため大きなブレーキがかかり、電子の運動をグラフにすると、2倍の周波数の光を放射したときのように、サインカーブから大きく歪むことになり、図6-11の場合に比べ位相の反転した光子を生成することになる。いずれにしても重要なことは、ポンプ光の位相に同期した位相で入射した光子は強められるが、それからずれるとこの増幅は起こらないということである。したがって、強められる入射光子の位相は図6-11の場合とこの図の場合の2とおりしかない。

109

光子は真空場のものであるから、図6 – 11の場合も図6 – 16の場合も等しい確率で起こりうる。したがって、スクイーズド光は図6 – 15のようにsin成分がなくcos成分のみになるのである。

　図6 – 14と図6 – 15を比べてわかることは、先ほど言ったように、通常の光では光子の位相（タイミング）はバラバラであるが、スクイーズド光では、光子の生成される位相（タイミング）が制御されているということである。量子テレポーテーションや量子コンピューター（量子情報処理）では、このような位相（タイミング）制御を量子レベルで行うが、そのためにスクイーズド光およびそれを行うプロセスが有用であることがわかってもらえると思う。

　また、気づいた読者も多いと思うが、スクイーズド光の名前の由来は図6 – 15にある。図6 – 15の状態は、図6 – 14の状態（真空場）をsin成分方向に絞った（squeezed = スクイーズド）状態になっている（sin成分を抑えている）。したがって、スクイーズド光（正確にはスクイーズされた真空場 = squeezed vacuum）と名付けられた。

　ここで注意がある。図6 – 15は図6 – 17のように描かれる場合が多い。同様に図6 – 14は図6 – 18のように描ける。実はいずれの場合も不確定性関係を表している。図6 – 18の通常の光の場合は、「位置」と「運動量」のゆらぎが等しい自然界に存在する状態であるが、図6 – 17のスクイーズド光の場合は、「運動量」のゆらぎが小さくなり、その分「位置」のゆらぎが大きくなっており、自然界には存在しない状態となっている。

　したがって、スクイージングとは不確定性関係を「エン

第6章 量子光学を用いてEPRペアを生成するための準備

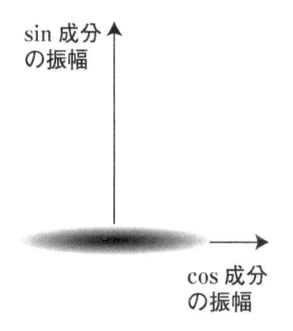

図6-17 図6-15のスクイーズド光（正確にはスクイーズされた真空場）を別の表記法で表す。

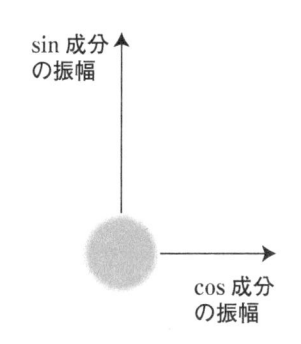

図6-18 図6-14の通常の光を図6-17の表記法で表す。

ジニアリング」しているとも言える。このように量子光学では不確定性関係さえもエンジニアリング（料理）できるのである。

周波数だけの違い

　量子光学とエレクトロニクスの関係について述べたい。
　前述したが、2倍の周波数の光を発生する過程や半分の周波数の光を発生する過程のキーは、電子と原子核を繋いでいる（仮想的な）バネが伸び縮みの限界値付近まで達し、通常の「きれいな」振動ができなくなることである。このような過程は「非線形」と呼ばれており、光学だけでなくいろいろな分野で研究あるいは実用化されている。
　最も多く使われているのは、電気回路の中である。もちろん、電気回路も周波数を上げていくと光の周波数になり、それは光そのものであるから当然である。むしろ、古くから電気回路の周波数の範囲で行われてきたことを、光の周波数で行っているのが量子光学だと言えるかもしれない。実際、電気回路と量子光学の違いは周波数だけである。ただ、そうは言っても、電気回路の周波数はたかだか10^{10}ヘルツなので、式2－1からわかるように、光子1個のエネルギー$h\nu$は10^{-24}ジュール程度になり、熱的な揺らぎ（熱雑音＝$k_B T$、k_B：ボルツマン定数、T：絶対温度）のエネルギーである10^{-20}ジュールに比べれば圧倒的に小さく、現実には観測にかかることはない。
　それに対し光の周波数は10^{14}ヘルツ程度であるから、光子1個のエネルギーは10^{-20}ジュール以上となり、熱雑音と同程度かそれ以上になるから観測にかかり、量子力学的に考える必要が出てくる。したがって、量子光学は量子性に注意しながらエレクトロニクスをしているとも言える。

第7章 量子光学を用いてEPRペアを生成

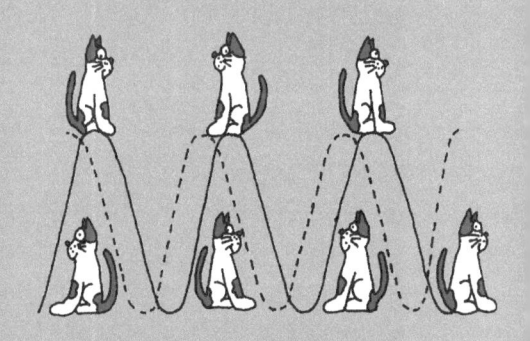

光パラメトリック過程

　前章に引き続き光のEPRペアを生成する方法について述べる。筆者の研究室では図7－1に示した写真のように、青紫色のポンプ光（波長：430ナノメートル）を周波数半分の光（波長：860ナノメートル）に変換してスクイーズド光を生成している。

　図6－12の光パラメトリック過程を用いているため、この装置は光パラメトリック発振器と呼ばれている。

　光パラメトリック発振器では、単に結晶だけでなく、それをミラーで囲み、放射されるスクイーズド光を増強している。スクイーズド光を光子（粒子）として考えるとミラーで囲むことにより増強されるイメージは湧かないが、波として考えると強め合う干渉の条件は必ずあるので、それにより増強できるのである。

　平たく言うと、ミラー間で一往復した光が、一往復する前の光の位相と全く同じになれば強め合う干渉をし増強されるのである。もちろん、増強された場合、光子数は増える。このとき、このエネルギーはポンプ光から供給される。したがって、こう考えた場合でも、増強することによって新たに図6－12の光パラメトリック過程が誘発されているとも考えられる。

　また、2倍の周波数の光を発生したときと同様、結晶中の異なった原子から放出されたスクイーズド光どうしが消し合うような干渉とならないよう、図6－10と似たような位相整合を行う必要がある。

第7章 量子光学を用いてEPRペアを生成

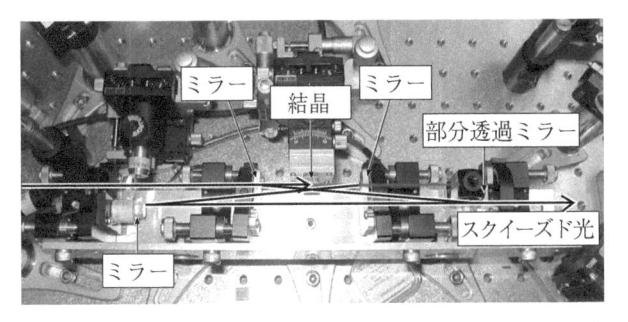

図7-1　スクイーズド光の生成　光パラメトリック発振器を用いて、青紫色のポンプ光（波長：430ナノメートル）を周波数半分の光（波長：860ナノメートル）に変換してスクイーズド光を生成している。実際は図6-9の写真のものと全く同じものであり、入れる光の波長と方向が図6-9と異なっているだけである。

　図6-13で見たように、スクイーズド光そのままではEPRペアとはなっていない。ただ、前に述べたように、光パラメトリック過程で生成された2つの光子は、1つのポンプ光子が分裂して生成されていると見なして良いため、本来はEPRペアとなっているはずである。しかし、これも前に述べたように、2つの光子は空間的に重なっているため、図6-13で見たように、sin成分は消し合い観測することはできない。

　それでは、スクイーズド光をEPRペアのように使えないかというと、案外そうでもないのである。ただし、これから述べるスクイーズド光からのEPRペア生成法は、種々の量子光学的トリックを使い非常にトリッキーなため、迷子にならないように注意してほしい。ただここを乗

り切れば、かなり視界が開けてくると思う。

キーは量子を波動として考えることである。間違っても古典的な粒子と考えないでほしい。そうすると完全に迷子になってしまう。

世界記録樹立が寝た子を起こす！

ちょっとここで、休憩の意味を込めて脇道に逸れる。

世界で初めて光パラメトリック発振器を用いて、スクイーズド光が生成されたのは1986年のことである。世界で初めてスクイーズド光生成に成功したのは1985年のことであるが、その実験では光パラメトリック発振器は用いられていなかった。恐らくミラーで増強するのは手間がかかり実験のセットアップが複雑になるので、それを避けたのだと思われる。ただ、光パラメトリック発振器が最も効率よくスクイーズド光を生成できるので、光パラメトリック発振器を使わない方法は今ではほとんど消えてしまっている。

この光パラメトリック発振器による世界初めてのスクイーズド光生成は、現時点（2011年）で25年前であり、かなり昔の話のような気もする。しかし、筆者が大学を卒業したのが1984年なので、筆者にとってはつい最近のできごとのように思える。少なくとも、筆者の大学生時代には世界の誰も成功していなかったので、大学で習うことはなかった。今の学生がうらやましい限りである。

また、筆者はこのスクイーズド光生成法をマスターするために、世界で初めて光パラメトリック発振器を用いてス

第7章 量子光学を用いてEPRペアを生成

クイーズド光生成に成功した、カリフォルニア工科大学のキンブル研究室に1996年から1998年にかけての2年間在籍した。

当時、スクイージングレベル（簡単に言うと、EPRペアを何組含むか）の世界記録は、キンブル研究室において1992年に達成されたものであった。

その世界記録は、世界中の研究者が全力でアタックしても、その後14年間世界記録であり続けたという途方もないものであった。筆者も遅ればせながら、日本に帰国し、東大に研究室を構えてからそのレースに参加した。

最初は何をやっても駄目で、タイ記録さえ遠い夢であった。ところが、当時筆者の研究室の助手だった青木隆朗氏（現京都大学）が、すばらしい結晶を見つけてくれたところから完全に潮目が変わった。運良く（？）、2005年12月から行われたNHK『プロフェッショナル－仕事の流儀』（2006年2月14日放映）の撮影と実験日が重なり、カメラにスクイージングレベル世界記録樹立の瞬間を記録することができた（これはDVDも出ているので見てほしい。筆者はやり遂げた学生に「あっぱれ」と言っている）。

NHK『プロフェッショナル－仕事の流儀』の話が出たので、ついでにこのときのことを述べる。

2005年の12月から2006年の2月の初旬までの2ヵ月間強、この撮影クルーが筆者の研究室に常駐し、筆者の一挙手一投足を撮影していった。さらにプライベートまで撮影し、何と年末の家族スキー旅行にも同行したのは、今思うと良い思い出である。

話が逸れてしまったが、スクイージングレベルの世界記録について話を戻すと、これで筆者らの天下だったら良かったのであるが、2006年の筆者らの世界記録樹立が「寝た子」を起こしてしまった。それまでは、10年以上破られていなかったキンブル先生のグループの世界記録が物理的限界と勝手に思いこまれ、それを支持する理論の論文まであったのである。

　つまり、キンブル先生のグループの記録が物理的限界で、それを破ることはできないことが世界の「常識」になっていたのである。筆者らがその「常識」を覆してしまったため、世界中でスクイージングレベルはまだまだ上がるという新たな「常識」が生まれてしまった。そうなると、世界は広いもので、筆者らとは異なった斬新な方法で、2008年にドイツのグループが世界記録を更新してしまった。現在筆者らは、望むと望まぬとによらず、世界的な競争の真っ直中にいる（何とか近いうちに世界一の座を奪還したいと思っている）。

量子光学的トリック

　休息も取れたと思うので本題に戻ろう。
　休息前の部分では、スクイーズド光からEPRペアを生成するための量子光学的トリックについて話し始めていた。
　量子光学的トリックで最も重要なものは、図7-2のような場合である。
　図7-2では、ハーフビームスプリッターの両面から1

第7章 量子光学を用いてEPRペアを生成

光子

ハーフ
ビームスプリッター

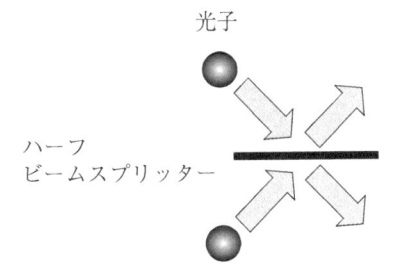

図7-2 光子が1つずつハーフビームスプリッターの両面から同時に入射

つずつ光子が入射している。ただし、ここで注意したいことは、2つの光子の偏光（光は横波なので、その振動方向）は同じであることである。拙著ブルーバックス『量子テレポーテーション』では、偏光が異なる場合も含めて説明したが、ここではもっとシンプルな場合（偏光はすべて同じなので忘れてもらっても良い）を扱うことになる。ちょっとややこしくて申し訳ない。

図7-2のハーフビームスプリッターからの出射光は、図7-3のような重ね合わせの状態になる。つまり、ハーフビームスプリッターの片側に光子2個が放射されもう片側には光子は放射されないという2つの場合の重ね合わせとなる。したがって、ハーフビームスプリッターの両側に1個ずつ光子が出射される図7-4のようなことは起こらない。

何故であろうか？ 光子を粒子として考えると絶対に理解できないので、波（電磁波）として説明する。こうすると、「当たり前」の話になる。

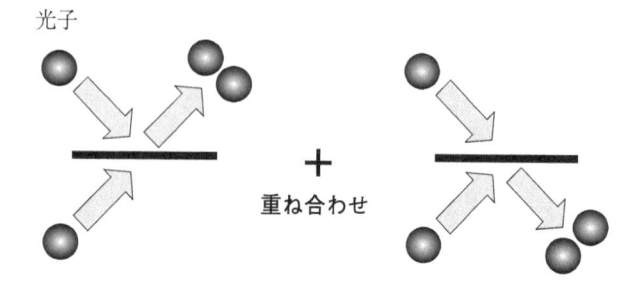

図7-3 光子が1つずつハーフビームスプリッターの両面から同時に入射した場合の出射光1 ハーフビームスプリッターの片側に2個光子が出力される。

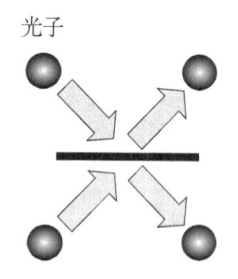

図7-4 光子が1つずつハーフビームスプリッターの両面から同時に入射した場合の出射光2 図7-2の場合、このようなことは起こらない。

　まずハーフビームスプリッターの性質について述べる。図7-5のような単純な場合、つまり同位相で2つの光ビームがハーフビームスプリッターへ入射した場合を考えてみよう。この場合、入射光は同じ（位相）であり、ハーフ

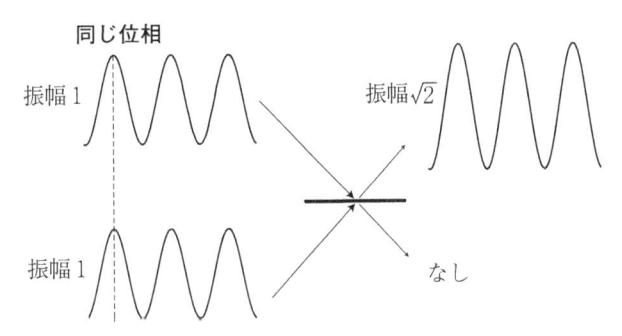

第7章　量子光学を用いてEPRペアを生成

同じ位相

振幅1

振幅1

振幅$\sqrt{2}$

なし

図7-5　ハーフビームスプリッターの両側から等しい位相で同じ強さの光が入射した場合　ハーフビームスプリッターからの出射光は、エネルギー保存則から片方は2倍の強度（振幅は$\sqrt{2}$倍、強め合う干渉）であり、もう片方は0となる（弱め合う干渉）。

ビームスプリッターは対称のように見えるから、ビームスプリッターを通過した後の2つのビームも、同じ強さの光ビームになるような気がする。しかし、そうはならない。必ず片方が2倍の強さの光（振幅は$\sqrt{2}$倍）になり、もう片方には出てこない。ここで、波の強さと振幅の関係は、

波の強さ＝（波の振幅）^{2}　　　（式7−1）

である（本当は係数があるが無視する）。実はこの関係が状況を理解するための1つの鍵となる。

　図7−5の様子をもう少し分解して図7−6のように考えると、この様子は説明できる。つまり、下側から入射した光ビーム（図7−6（b））は、ハーフビームスプリッター

(a) 同じ位相

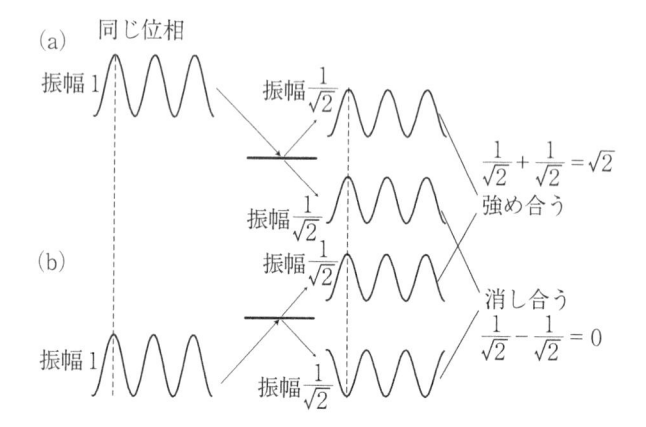

図7-6 図7−5の場合を (a) と (b) の2つに分けて考える このように考えると、図7−5のようなことが起きる理由を説明できる。

により半分の強度（振幅が$\frac{1}{\sqrt{2}}$倍）だけ反射され、残りの半分の強度（振幅$\frac{1}{\sqrt{2}}$倍）は透過する。このとき、反射光だけ位相が反転する。透過光はそのままの位相である（これらがどうしてそうなるかは後で説明する）。

一方、上側から入射した光ビーム（図7−6 (a)）は位相・強度ともに同じ2つの光ビームとなる。したがって、位相が反対の光は打ち消し合い（振幅は$\frac{1}{\sqrt{2}} - \frac{1}{\sqrt{2}} = 0$倍）、位相が同じものは強め合い（振幅は$\frac{1}{\sqrt{2}} + \frac{1}{\sqrt{2}} = \sqrt{2}$倍）、図7−5のようなことが起きる。

したがって、波として考えれば、当たり前のことが起こ

って、図7−5のようなことが起こるのである。ただし、ここで注意したいことがある。図7−6をすべて認めてしまうと、光子を半分に割ることができることになってしまう。もちろん、それは量子力学に反する。光パラメトリック過程と異なり、ここでは同じ周波数（波長）の光子$\frac{1}{2}$個に分割しているからである。それでもこの解釈が許されるのは最終的に出射される光が図7−3のように光子2個で表されるからである。つまり量子力学では「結果オーライ」ならば許されるのである。また、図7−3のようになるのはもうひとひねり必要で、光子の位相がランダムであることを考慮しなければならないが基本的には同じことである。

固定端反射で位相が反転

次に、ビームスプリッターについて説明する。

図7−6（b）の説明をするときに、反射光だけ位相が反転するとした。そのことについて説明しようと思う。

まず物理的にどのようなものであるかについてであるが、何のことはない、ビームスプリッターとは（特殊なコートを施した）透明なガラスの板のことである。透明なガラスの板で反射が起きるのは不思議な気もするが、光（＝波）は屈折率の違った透明物質に入射するとき必ず一部反射する。代表例は、夜、電車の窓を見ると、鏡のように自分が映って見えることであろう。もちろん、夜でなくても反射は起こっているのであるが、まわりが明るすぎて見え

ないだけである。

さらに反射には2種類あることを説明しなければならない。高校で物理を習ったことがある人は知っていると思うが、反射には図7-7のように固定端反射と自由端反射がある。

固定端反射では、入射した波の位相は反転し、自由端反射では入射した波の位相は保存される。高校の物理では、ロープを使って実験した人もいるかもしれない。ロープの端を固定しておくか上下に動くようにしておくかで、反射波の位相が変わるという、あの固定端反射と自由端反射である。

光の場合、固定端反射は屈折率の低いところから高いところに入射したとき（ビームスプリッターの場合は空気：屈折率1からガラス：屈折率1.5への入射のとき）に起こり、自由端反射は屈折率の高いところから低いところへ入射したとき（ガラス側から空気に入射したとき）に起きる。

ハーフビームスプリッターではさらに、ガラス板の表面と裏面にそれぞれ反射防止コート（ARコート）と反射増強コートを施し、表面では反射が起きず、裏面ではエネルギーの50％が反射（振幅が$\frac{1}{\sqrt{2}}$倍の光が反射）し、残りは透過するようになっている。したがって、ハーフビームスプリッターでは構造が図7-8のようになり、固定端反射は下から入射する光（空気からガラスへの入射）に対してのみ起こり、上から入射する光および透過するすべての光の位相は保存される。

固定端反射

自由端反射

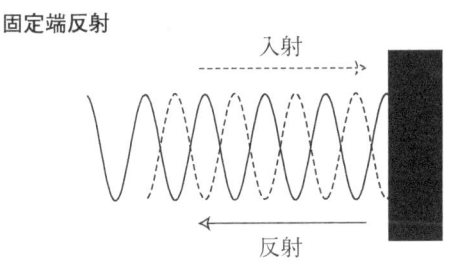

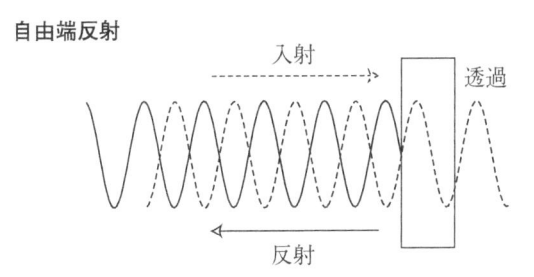

図7-7 固定端反射と自由端反射

そのため、図7-6（b）のように反射のみ位相が反転し、したがって、図7-5のように片側だけに光が出射され、もう片方には全く光が出射されないということが起こる。これで図7-3の量子光学的トリックについて説明できたと思う。

4分の1波長分だけ位相をずらす!

似たような量子光学的トリックについて説明する。

反射防止コート

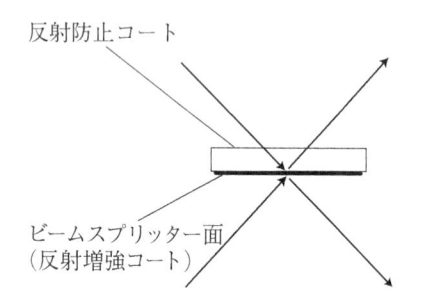

図7-8 実際のビームスプリッターの構造 ビームスプリッターとして機能するのはガラス板の片側だけで、もう片側には反射防止コート（ARコート）が施されている。ARコートは身近な存在であり、代表例は眼鏡のARコートである。これがなされていない眼鏡は、フラッシュで写真を撮ると「ウルトラマン」のように眼鏡全体が輝く。

ビームスプリッター面
（反射増強コート）

　実は、これがスクイーズド光からEPRペアを得るための本質的トリックであり、図7-3の例は、それを理解するための「準備運動」であった。

　図7-9のように、ハーフビームスプリッターの両側から4分の1波長分だけ位相がずれた同じ強さの光が入射した場合を考えよう。

　この場合も図7-6と同様、図7-10のように考えることができる。ここで、図7-6と図7-10の違いは、ハーフビームスプリッターを通過した光ビームは、もともと位相が4分の1波長分ずれているので、干渉しない（強め合

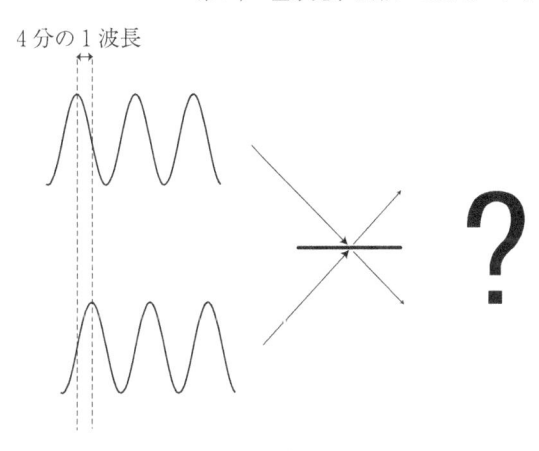

第7章 量子光学を用いてEPRペアを生成

図7-9 ハーフビームスプリッターの両側から4分の1波長分だけ位相がずれた同じ強さの光が入射した場合

ったり弱め合ったりしない)ことである。

一般に位相が4分の1波長分ずれている波は干渉しない。したがって、この場合はsin成分とcos成分の位相が4分の1波長分ずれていて干渉しないため、最終的に図7-11のようになる。

ただし、このようなことが起こるのは、ある程度強い光(多数の光子)の場合である。光子がハーフビームスプリッターの両側から1つずつ入射する図7-2の場合はこうならないことに注意が必要である。何故なら、光子はハーフビームスプリッターを通過後、図7-10に示したように振幅が$\frac{1}{\sqrt{2}}$倍になるようなことはない。光子の振幅はこれ以上小さくならないのである(なったら量子力学が崩壊す

図7-10 (a) 振幅1、4分の1波長、振幅$\frac{1}{\sqrt{2}}$、振幅$\frac{1}{\sqrt{2}}$、4分の1波長 (b) 振幅1、振幅$\frac{1}{\sqrt{2}}$、振幅$\frac{1}{\sqrt{2}}$

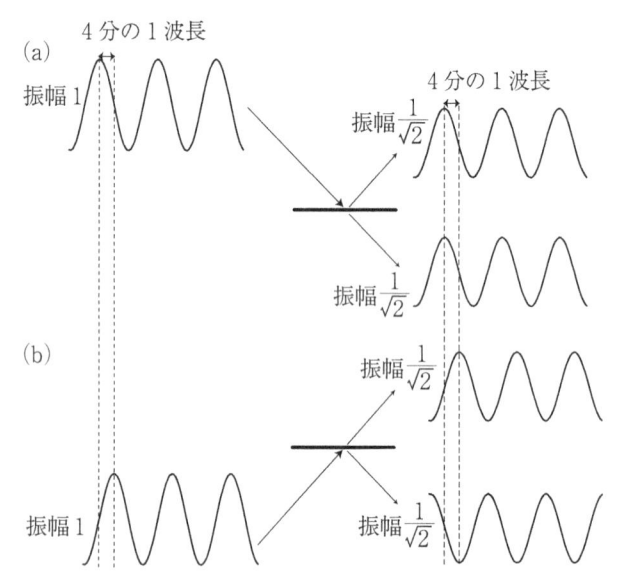

図7-10 図7-9の場合を (a) と (b) の2つに分けて考える

る！）。したがって、光子がハーフビームスプリッターの両側から1つずつ入射する図7－2の場合には、図7－10で示したようなことは起こらないし、そのため図7－11のようにはならない。

ここで注意することがある。先に、量子力学では「結果オーライ」であれば途中で光子が半分になっても構わないと言ったが、ここでは最終的に半分になった光子が出力されてしまう。つまり、結果がオーライではないのでこのようなことは起こらないのである。

それでも、このトリックはEPRペア生成に非常に有用

第7章　量子光学を用いてEPRペアを生成

4分の1波長　　　　　　　　　4分の1波長

振幅1　　　　　　　　　振幅$\frac{1}{\sqrt{2}}$

振幅1　　　　　　　　　振幅$\frac{1}{\sqrt{2}}$

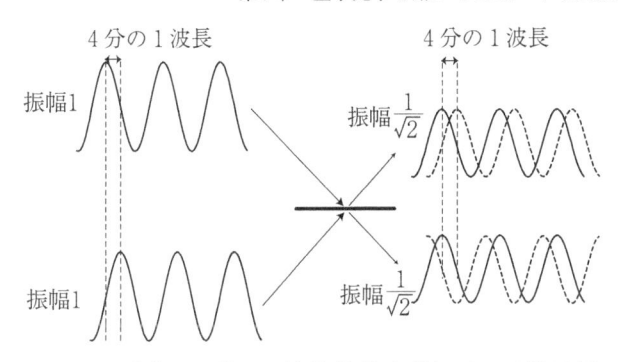

図7-11　位相が4分の1波長分だけずれている波は干渉しない

である。つまり、光子が2つずつ集団で飛んでくるスクイーズド光では、図7-12で示したように、2つのスクイーズド光（光子2つで代表させている）が4分の1波長分だけ位相がずれてハーフビームスプリッターの表面と裏面から入射すれば、図7-11（図7-10）のトリックを用いることができる。光子半分が出射ということがないからである。

その結果、図7-12のように、図6-3のEPRペアが生成される。つまり、ビームスプリッターの2つの出射光においてcos成分'x'が等しく（$x_A - x_B = 0$）、sin成分'p'は位相反転して振幅が等しく（$p_A + p_B = 0$）なっている。さらに、2つの出射光が空間的に離れていることも重要である。

1つ付け加える。EPRペアは単純に光子2つとハーフビームスプリッターがあれば生成できるわけではない。実際は、スクイーズド光に含まれる光子ペア（2つペアになっ

スクイーズド光

4分の1波長
振幅1
振幅1

ハーフビームスプリッター

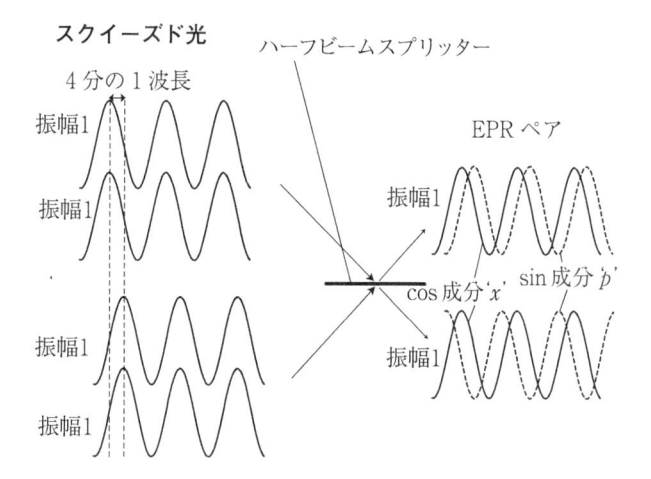

EPRペア
振幅1
cos成分 x sin成分 p
振幅1

振幅1
振幅1

図7-12　EPRペア（EPRビーム）の生成　2つのスクイーズド光をハーフビームスプリッターで合波することにより、EPRペア（EPRビーム）を生成。このとき、2つのスクイーズド光の位相は波長の4分の1だけずらしている。

て飛んでくる光子対）が大量に（重ね合わされて）ハーフビームスプリッターに入射し、光子ごとに見ると図7-2のようなことが起き、これらの出射光子が大量に重ね合わされて形成されているものである。

そのため、式5-3（以下に再掲）

$$c(|0\rangle_A|0\rangle_B + |1\rangle_A|1\rangle_B + |2\rangle_A|2\rangle_B \\ + |3\rangle_A|3\rangle_B + |4\rangle_A|4\rangle_B + \cdots) \quad \text{(式7-2)}$$

で見たような片方の光ビームで光子数を測定しn個である

第7章 量子光学を用いてEPRペアを生成

ことがわかれば、もう片方は測定しなくても光子数がn個であることがわかる(図7-12からも2つのビームの光子数が等しいことは納得できると思う)。

もちろん、少し前に述べたように、図7-12から考えて、cos成分やsin成分でも、片方の光ビームを測定し値を得ると、もう片方は測定しなくてもcos成分なら同じ値、sin成分ならプラスとマイナスが反転となる。つまり、複数の物理量で相関がある量子エンタングルメントが形成されていることを納得してもらえると思う。

まとめ

この章を終えるにあたり、量子光学トリックを用いて生成される量子エンタングルメントについてまとめよう。

前章で、量子エンタングルメントとは、2つの量子(系)で2つの物理量が確定している重ね合わせ状態であると述べた。また、この2つの物理量は個々の量子個別の物理量ではなく、2つの量子の情報を含むもの、例えば、2つの量子の相対位置や運動量の和であることも述べた。

さらに、重ね合わせの状態になるのは、2つの量子にまたがった物理量は決まっていても、個々の量子の物理量は決まっているわけではないから、あらゆる値を取る可能性があるためであると述べた。

ただ、重ね合わせの状態は、量子(系)の波としての性質の発現であり、波を使ってしか説明することができない。そこでもともと波である光を用いて、つまり量子光学を用いて、量子エンタングルメントの説明を試みたのがこ

の章であった。ほとんどのことは波としては「当たり前」のことであって（非線形光学はちょっとやっかいであるが）、唯一量子の性質として用いたのは、「光子はこれ以上分解できない」（光子の振幅を$\frac{1}{\sqrt{2}}$倍にはできない）ということだけであった。第5章の最後では、これを「おまけ」と表現した。

　この章での教訓は、量子光学ひいては量子力学を理解しようとする場合、ほとんどのことは波動像で理解できるということである。粒子像で考えなければならないのは、量子のエネルギーは飛び飛びの値しか取らないという条件を使わざるを得ないときに限られるということである。この感覚を身につけられたなら、読者は「量子力学のプロ」の称号を得たのに等しい。

第8章 量子光学を用いた量子エンタングルメント検証実験

量子Aと量子Bを別個に測定

 この章では、量子光学を用いた量子エンタングルメント検証実験について述べる。量子エンタングルメントとは何であったかを復習するため、図8‐1として図5‐1を再掲する。

 図8‐1からわかるように、EPRペアである量子Aと量子Bのそれぞれで位置xを測定すると同じ値が得られ、運動量pを測定すると絶対値は同じだが符号が反対の値を得ることになる。

 量子光学でもこれと同じことができる。それは、前述したように、光の波は（光の波に限らずすべての波は）4分の1波長分だけ位相の離れた2つの波の足し合わせで書ける。これらはcos成分、sin成分と呼ばれ、位置xと運動量pと同じ意味を持つ。つまり、波の情報はすべてこの2つの成分の大きさで描け、この2つは不確定性関係にある。

 したがって、量子光学で量子エンタングルメント存在の検証実験を行うときは、量子Aと量子Bに相当する2つの光ビームそれぞれでcos成分、sin成分を測定し、その値を比べ、図8‐1と同じような関係（$x_A - x_B = 0$、$p_A + p_B = 0$）があるかを調べることになる。

 ここで注意したいことがある。量子エンタングルメントでは、2つの量子（系）にまたがった2つの物理量が確定していることは何回か述べた。しかし、量子エンタングルメントを検証する実験においては、このような2つの量子（系）にまたがった物理量を測定するわけではなく、量子

第8章 量子光学を用いた量子エンタングルメント検証実験

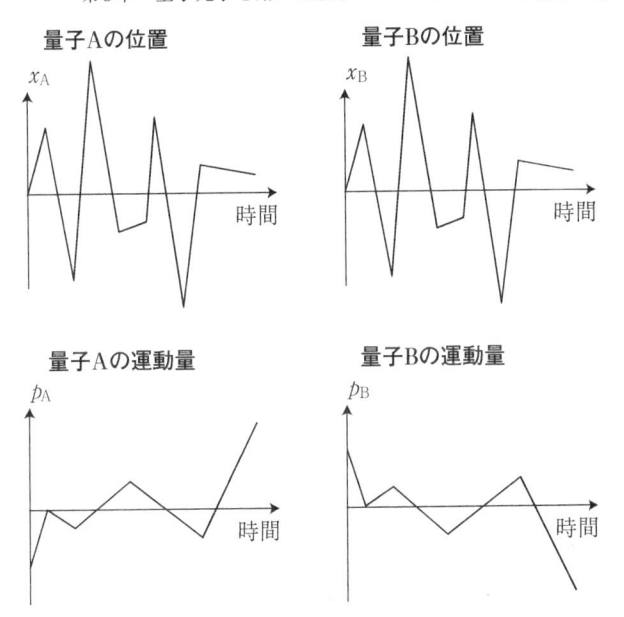

量子Aの位置

x_A

時間

量子Bの位置

x_B

時間

量子Aの運動量

p_A

時間

量子Bの運動量

p_B

時間

図8-1 図5-1の再掲 EPRペアのイメージ。それぞれの図の横軸は時間としているが、全く同じ状態にあるEPRペアを大量に用意し、時々刻々それらを1つずつ測定することに相当している。また、縦軸はそれぞれの測定値に相当している。

Aと量子Bを個別に測定し、その間の関係が、cos成分を測定したときは2つで同じ値を示し、sin成分を測定したときは2つでプラス・マイナスが反対の値を示すことを検証する。

量子エンタングルメント、つまりEPRペアの生成であるが、それは前章で述べたように、図7－12のように2つ

のスクイーズド光(光子が2つずつ集団で飛んでくる光)の位相を4分の1波長分だけずらして、ハーフビームスプリッターに入射することで達成される。また、スクイーズド光は図7-1で示した光パラメトリック発振器で生成される。

　実験の概要は、図8-5(141ページ参照)のようである。EPRペア生成において、位相を4分の1波長分だけずらすことがキーになるが、それは図8-5に「位相調節」と記してある部分を、適当な長さに保つことにより達成される。適当な長さとは、2つの光パラメトリック発振器からハーフビームスプリッターまでの距離の差が、波長の4分の1(正確には、波長の4分の1プラス波長の整数倍の長さ)ぴったりということである。

光のホモダイン測定

　sin成分、cos成分を測定するには波の性質(干渉)を積極的に使う。例えば、sin成分を測定するときは、測定したい光のsin成分と同位相で(sin成分と同位相の波はcos成分が0の波と言っても良い)、十分に強い別の光(ローカルオシレーター光と呼ばれる)をハーフビームスプリッターで重ね合わせる。そうすると測定したい光のsin成分は強め合う干渉が起き、cos成分は干渉しないのでそのままである。したがって、事実上光検出器ではcos成分は無視され、sin成分のみ検出されることになる。

　ここからは、後で必要となるため少し難しい話をするが、読み飛ばしてもらって構わない。上で述べた測定法

第8章 量子光学を用いた量子エンタングルメント検証実験

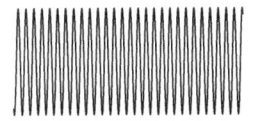

図8-2 ホモダイン測定あるいはホモダイン検波 キャリア周波数はNHK第一AM放送の場合、594キロヘルツである。

は、ホモダイン測定と呼ばれ、元々ラジオで行われていたことを光に応用したものである。ホモダイン測定、あるいはラジオではホモダイン検波といった方が良いと思われるが、その特徴は、測定したい信号と同じ周波数の強いサイン（sin）波をローカルオシレーターでつくり、測定したい信号との掛け算をすることである。

ラジオでは、例えばNHK第一AM放送を聴こうとすると、図8－2のように、ローカルオシレーターの周波数を594キロヘルツとし、その出力と受信した信号の掛け算を電気回路で取り（この電気回路をミキサーと呼ぶ）、その結果得られた信号を低周波成分のみを通すフィルター（ローパスフィルター）に通すことになる。これにより、NHK第一放送を受信できる（チューニングかつ増幅できる）のである。

この様子を、式で書いた方がわかりが良い人のために式

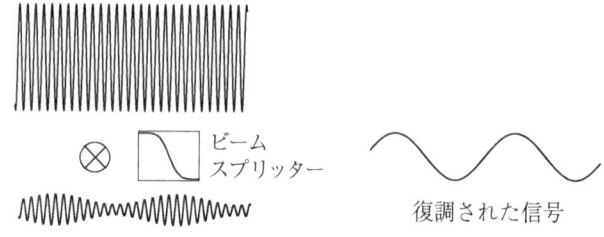

図8-3 光でのホモダイン測定 キャリア周波数は光の周波数になるため、ローカルオシレーターは光になり、レーザー光が用いられる。また、ミキサーとローパスフィルターの代わりにビームスプリッターが用いられる。

で書く。ラジオ波（$\sin \nu t$、NHK第一なら$\nu = 594$キロヘルツ）に振幅変調（AM）で情報（$A(t)$）を載せているから、受信される信号は$A(t)\sin \nu t$となる。これにローカルオシレーターの出力$B\sin \nu t$（Bは大きい）を掛けるから、

$$A(t)\sin \nu t \times B\sin \nu t = A(t)B \times \frac{1-\cos 2\nu t}{2} \quad (式8-1)$$

となり、低周波成分（$\cos 2\nu t$でない成分、つまり$\frac{A(t)B}{2}$）をローパスフィルターで取り出せば、欲しい情報である$A(t)$をローカルオシレーター出力の振幅B倍で取り出すことができる。つまり、チューニングと増幅が同

第8章　量子光学を用いた量子エンタングルメント検証実験

出力信号

光検出器　電気信号の差を取る

ローカル
オシレーター光

信号光

ハーフビームスプリッター

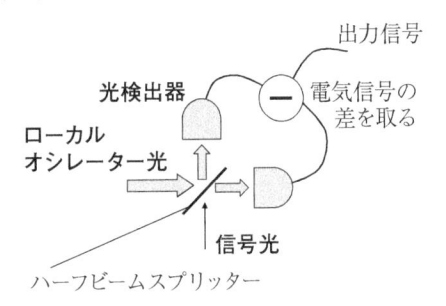

図8-4　光でのホモダイン測定の実際

時にできる。

　図8-3のように、光のホモダイン測定でも全く同じことが起こっており、ハーフビームスプリッターが光におけるミキサー＋ローパスフィルターとなっており、ローカルオシレーター光の振幅だけ増幅される（もう少し詳しく言うと、sin成分とcos成分の選択も行われる）。

　したがって、十分強いローカルオシレーター光を使えば、光子レベルの振幅でも検出できることになる。図8-4に実際のセットアップを示した。

　式で説明しないとわかった気がしない人のために、光のホモダイン測定について式で示す。光は（電波でもそうだが）、周波数の違うものは干渉しない。したがって今まで見てきたように、振幅だけで話をすれば十分である。信号光の振幅を$A(t)$、ローカルオシレーター光の振幅をBとすれば、ハーフビームスプリッターの2つの出射光の振幅は、前章で説明したように、1つだけ固定端反射になるため、それぞれ$\frac{A(t)+B}{\sqrt{2}}$、$\frac{A(t)-B}{\sqrt{2}}$となる。

139

式7-1で見たように、光（＝波）のパワーは振幅の自乗であるから、2つの光検出器の出力は、それぞれ$\frac{(A(t)+B)^2}{2}$、$\frac{(A(t)-B)^2}{2}$となり、その差を取ると、

$$\frac{(A(t)+B)^2}{2} - \frac{(A(t)-B)^2}{2} = 2A(t)B \qquad （式8-2）$$

つまり、ラジオの受信の時と同様、信号光の振幅がローカルオシレーター光の振幅倍増幅されて得られる。

光のホモダイン測定についてもう少し説明する。上の説明では信号光とローカルオシレーターの位相は同じであることを暗に仮定していた（信号光が$\sin \nu t$ならローカルオシレーター光も$\sin \nu t$としていた）。もちろん、信号光が$\sin \nu t$であり、ローカルオシレーター光が$\cos \nu t$であったら、つまり位相が90°ずれていたら、干渉しないのでローカルオシレーター光による増幅は起こらず、そのため信号光は検出されない。逆に言うと、信号光が$\sin$成分と$\cos$成分の両方を持っていた場合、ローカルオシレーター光の位相により、それらを選択できる。

つまり、ローカルオシレーターを$\sin \nu t$とすれば信号光の$\sin$成分が検出され、$\cos \nu t$とすれば信号光の$\cos$成分が検出される。もちろん、これはラジオでも同じであり、同位相の場合をAMラジオ、90°位相がずれている場合をFMラジオと呼んでいる（詳しくは第10章参照）。

ということで、ラジオ波も光も電磁波であることに変わりはなく、単に周波数が違うだけで同じテクニック（ホモ

第8章　量子光学を用いた量子エンタングルメント検証実験

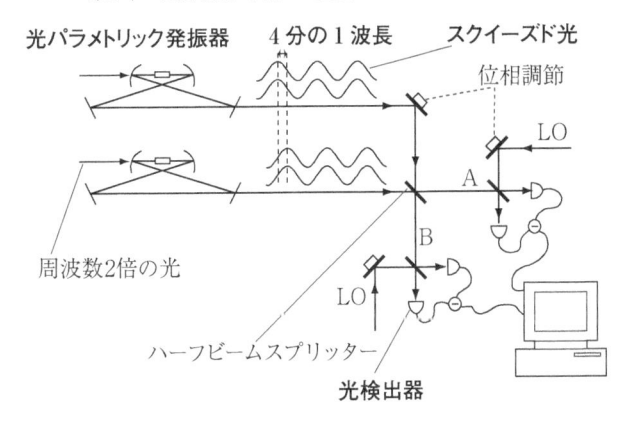

図8-5　量子光学を用いて行われた量子エンタングルメント検証実験図　LOはローカルオシレーター光と呼ばれる光ビームである。

ダイン測定）を使っている。ただ、前にも書いたように、光子のエネルギーはプランクの定数×周波数であるから、ラジオ波（キロヘルツからメガヘルツ程度）では光子のエネルギーは非常に小さく、熱雑音に埋もれてしまい検出できない。ゆえに、ラジオ波では量子性を考慮する必要はない。それに対し、光の周波数は100テラヘルツもあるので、量子性が出てきてしまうのである。

　そうは言っても、ホモダイン測定で光子を検出できることが明らかになったのは、1980年ごろなのでつい最近のことである。つい最近まで光の量子性は問題にならなかったとも言える。量子光学とはつくづく新しい学問だと思う。

　話を元に戻し、再び図8－5について説明する。

(a)

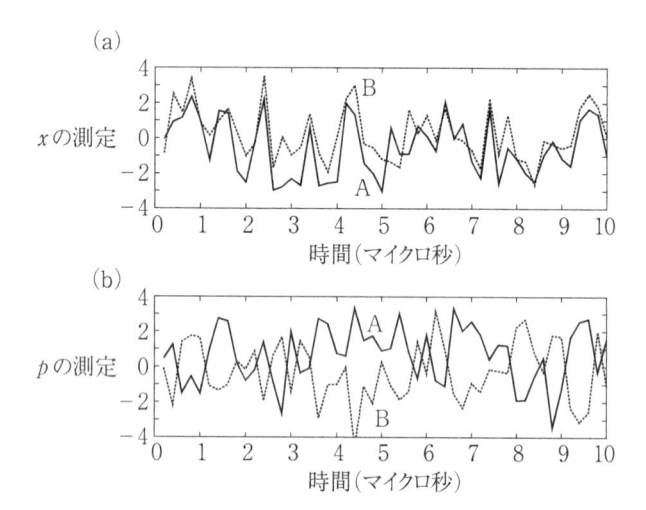

x の測定

(b)

p の測定

図8-6 量子光学を用いて行われた量子エンタングルメント検証実験の結果

　量子エンタングルメントの検証には、ハーフビームスプリッターを通過した後の光ビームAとBにおいてそれぞれcos成分'x'、sin成分'p'を測定することになるが、それは光ビームA、Bとローカルオシレーター光との位相差を、図8-5に「位相調節」と書かれた部分を用いて適当な位相に保つことにより達成される。つまり、cos成分'x'の関係を測りたいときは、光ビームA、Bともにcos成分'x'の位相に保ち、sin成分'p'の場合は、光ビームA、Bともにsin成分'p'の位相に保つといった具合である。

　もちろん、前述したように、このようにすることにより、信号光のsin成分あるいはcos成分を選択しているのである。このようにして得られた実験結果の例が図8-6

第8章 量子光学を用いた量子エンタングルメント検証実験

光パラメトリック発振器

図8-7 量子エンタングルメント生成実験を含む写真
実は、後で述べるように、このセットアップは量子テレポーテーションの実験系である。

である。

図8-6から明らかなように、cos成分'x'では光ビームA、Bで似たような値を与え、sin成分'p'では光ビームA、Bで符号が反転している。つまり、量子光学的に量子エンタングルメントあるいはEPRペアの生成に成功したことになる。

ここで、値が完全に一致しないのは、実験というものは必ずどこかに不完全さがあるためである。ただ、念のために言っておくが、これは不確定性原理とは何の関係もない。単に100%成功というものは現実には存在しないと言っているだけである。

この状況は実験に留まらず、人生においてもそうだと筆者は思う。また、物理学と数学が最も異なるのはこの部分だと思う。いずれにしても、物理学は「現実」を相手にする学問であって、決して思考実験（数式の式変形）で終わるものではない。

　図8-7に量子エンタングルメント生成を含む実験系の写真を示した。この写真を示したのも、量子エンタングルメントなる日常感覚からかけ離れたものが、このようにテーブルトップで生成されていることを示したかったからである。さらに、写真は主に図8-5の主要部分であるが、非常にたくさんの光学素子が並んでいる。図8-5は至ってシンプルであるが、これを現実のものにするには多くのテクノロジーが必要であることを感じていただきたい。

まとめ

　この章についてまとめる。

　前章まで、いわゆる「式変形」で理論的に導いてきた量子エンタングルメントが、量子光学的方法を用いて実際に生成できる様子を見てきた。20世紀初頭に思考実験として与えられたものが、21世紀のテクノロジーを用いて実現されているのである。

　もう少し具体的に言うと、不確定性原理を料理して生成したスクイーズド光を用いて、複数の量子の特殊な重ね合わせである量子エンタングルメントを生成できるのである。量子光学がいかにパワフルかを物語っている。

　ただ、ここまで、量子力学を説明するほとんどの場合は

第8章 量子光学を用いた量子エンタングルメント検証実験

波動像で十分であり、粒子像は「おまけ」であると述べてきた。特に量子光学の場合、光は元々電磁波という波であり、光子というのはある意味ヴァーチャルな存在であった。量子光学がラジオのテクノロジーの拡張として理解できるのはその典型であろう（第7章のまとめでも似たようなことを言ったが）。

　ということで、次章では、これまでと反対の考え方、つまり光子をまともに扱い、その生成実験について述べる。特に「光子の波動像」を実際に得る方法について述べる。これは「波動の粒子化」、つまり量子化そのものの姿である。

第9章 単一光子状態の生成

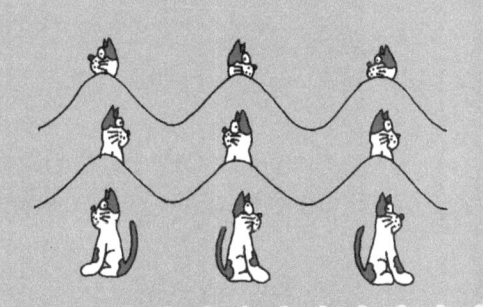

波動の粒子化

　原子のように質量のある量子では粒子性は本来持っている性質であるが、光のように電磁波であり本来波の性質を持つもので「完全な」粒子化、つまりある意味波としての性質を失った状態を生成することは、波動性と粒子性を同時に扱う量子力学を「料理」するという意味で非常に重要である。この章ではこれについて述べる。

　スクイーズド光が図6－12のような2つの光子からなっていること（偶数個の光子流であること）を説明したので、その性質を使った面白い実験を紹介しよう。それは図9－1（図3－5の再掲）の単一光子状態を生成することである。

　図9－1の単一光子状態は図から明らかに、「位相の存在しない波」（台風におけるグチャグチャな海面であると説明した）なので、例えば電子のような荷電粒子を振動させるという方法では生成できない。振動させると、振動には位相があるから、どうしても位相の存在しない図9－1のような状態は生成できないのである。

　そもそも図9－1の状態はどういうものかを考えてみると、エネルギーが光子1個分に定まっていて、そのために位相が全く定まらないという状況である。したがって、元々光子数がnに決まっている状態があって、それから$n-1$個の光子を消し去って1個だけ光子を残せば良いということになる。

　光子数の決まった状態を簡単につくることはできない

第9章 単一光子状態の生成

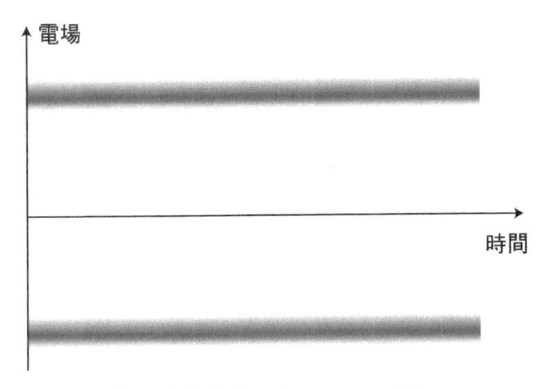

図9-1 単一光子状態 図3-5を再掲する。

が、スクイージングレベルの低いスクイーズド光は、低い頻度で2つずつ光子が飛んでくる状態である。式で書くと、

$$|0\rangle + \alpha |2\rangle \quad (\alpha は小さい) \quad (式9-1)$$

となる。式の読み方としては、光子0個と光子2個の重ね合わせ状態とも読めるし、測定すると大半は光子0個となるが、低い確率$|\alpha|^2$で光子2個を観測するとも読める。

もし、このスクイーズド光から、図9-2のように1個だけ光子を引き去ることができれば、単一光子状態、つまり図9-1の状態を生成することができることになる。繰り返しになるが、単一光子状態は図9-1のように量子力学が成立していなければ存在していない状態であり、この生成・検証を行うことは、量子力学の正しさを検証しているともいえる。波である電磁波を光子1個、2個、……と

2つの光子　　　　　　　　1つの光子を消す

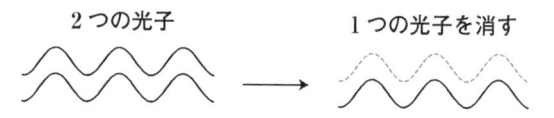

図9-2　単一光子状態の生成　2つの光子（弱いスクイーズド光）から1つの光子を消し単一光子状態を生成する。ただし、この図では光子に特定の位相があるように書いているが、実際には決まらない。

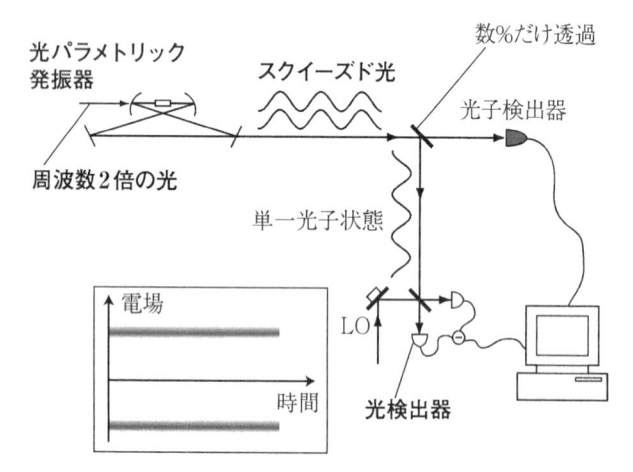

図9-3　2つの光子（弱いスクイーズド光）から1つの光子を消し単一光子状態を生成する実験図

カウントできるようになるのである。また、図3-6で見たような振り子の$n=1$の状態が本当に存在することの検証にもなっている。つまり、非常に重要な実験なのである。

図9-3に、その実験図を示す。

第9章　単一光子状態の生成

　まず、光パラメトリック発振器により、低いスクイージングレベルのスクイーズド光を発生させる。そのスクイーズド光を数％の透過率のビームスプリッター（90％以上は反射）に入射させる。これだけ透過率が低いと、ビームスプリッターを透過する光の強度は最高でも光子1個となる（光子1個のエネルギー以下の光は存在しない）。したがって、光子検出器で光子を検出したとき、それは光子を1個だけ検出したことになる。

　その結果、式9－1の中から光子0個（$|0\rangle$）が排除され、光子2個（$|2\rangle$）のうち1個が差し引かれ、ビームスプリッターを反射した光は単一光子状態（$|1\rangle$）となる。

　ただ、ここで注意したいことは、単一光子状態が生成されるのは、光子検出器で光子を検出した瞬間だけであることである。残念ながら、欲しいときに必ず単一光子を得る、いわゆる光子ピストル（引き金を引いたとき光子が1つ飛び出す）とはなっていない。光子ピストルは現時点の量子光学における大きな夢となっている。

　図9－4に、筆者のグループと情報通信研究機構（NICT）の量子ICTグループの共同で行った図9－3の実験の結果を示す（光子検出器で光子を測定したときのみ、ホモダイン測定をしている）。確かに図9－1の単一光子状態ができていることがわかる。つまり、「位相が存在しない波」となっている。

　また、図9－4には、実験結果から計算した光子数分布を示した。実験の不完全さから来る光子0個の成分があるものの、半分以上が光子1個となっており、実験の成功を示している。

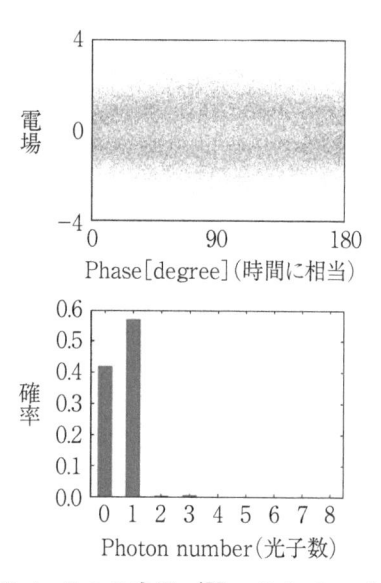

図9-4 2つの光子（弱いスクイーズド光）から1つの光子を消し単一光子状態を生成する実験の実験結果 確かに図9-1の単一光子状態ができていることがわかる。

これで量子光学を用いた量子力学の基礎理論・実験の説明は終わりである。次章からその「応用編」を始める。

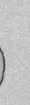

第10章 量子テレポーテーション

振幅変調か周波数変調か

 ここから量子テレポーテーションの話を始めようと思う。詳細は拙著『量子テレポーテーション』に書いたので割愛するが、量子エンタングルメントを用いた技術のハイライトである。次章を理解するためには、量子テレポーテーションの理解が必要なので最低限の内容を述べる。拙著をお読みいただき、理解したと思われる方は次章に進んでいただいて構わない。しかし、いきなり量子テレポーテーションの詳しい話をしても混乱を招くだけだと思われるので、普通の電気信号の話から始めよう。

 まず、普通の電気回路あるいはコンピューターでは、扱う信号の周波数がたかだか100ギガヘルツなので、プランクの定数と周波数の積からなる光子のエネルギーは無視することができ、したがって量子力学的効果を考える必要がないことは前に述べた。例として挙げたが、NHK第一放送（AMラジオ）では594キロヘルツといった具合である。

 ラジオの話をしたついでに言うと、電気回路では、信号は波の振幅か位相（あるいはその両方）に載せられる。AMラジオが図10-1のように、電磁波（キャリア波と呼ばれる）の振幅成分に信号を載せ（振幅変調：Amplitude Modulation）、FMラジオが図10-2のように、電磁波の周波数成分に信号を載せている（周波数変調：Frequency Modulation、例えば、J-WAVEでは81.3メガヘルツの電磁波にFM信号を載せている）。

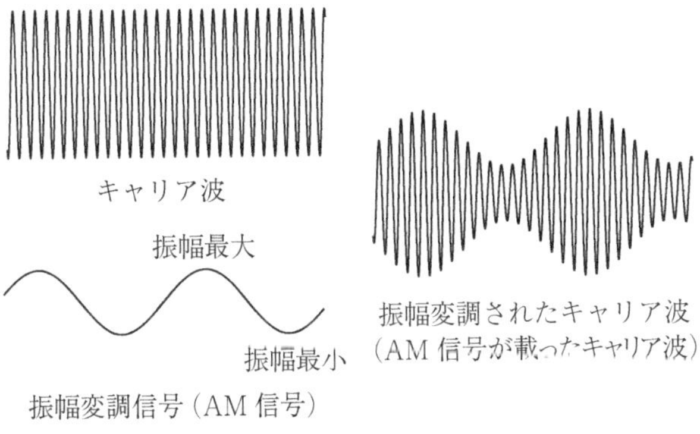

第10章 量子テレポーテーション

図10-1 AM信号

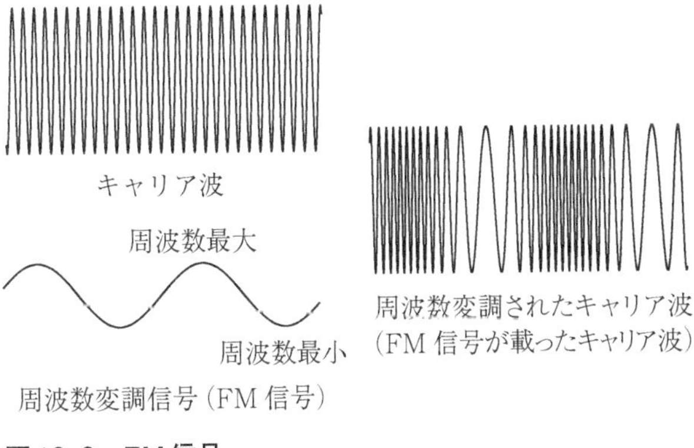

キャリア波

振幅変調信号（AM信号）
振幅最大
振幅最小

振幅変調されたキャリア波
（AM信号が載ったキャリア波）

図10-2 FM信号

キャリア波

周波数変調信号（FM信号）
周波数最大
周波数最小

周波数変調されたキャリア波
（FM信号が載ったキャリア波）

　さらに、信号の載せ方であるが、AM信号は図10－3に示したように、キャリア波の振幅を信号に合わせて増減させることにより達せられる。これは直感的にも明らかである。しかし、FM信号は少しトリッキーである。FM信号の載せ方を理解するためには、ドップラー効果（図10－

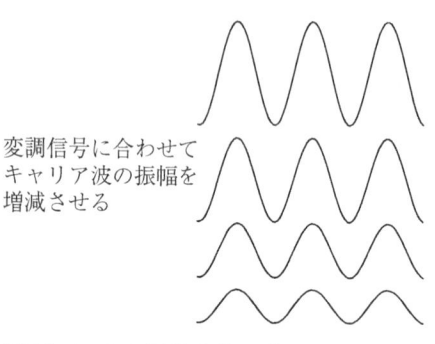

変調信号に合わせて
キャリア波の振幅を
増減させる

図10-3　AM信号の載せ方

高い音に聞こえる
周波数が高くなる
波長が短くなる

音源がこの方向に等速度で動く

低い音に聞こえる
周波数が低くなる
波長が長くなる

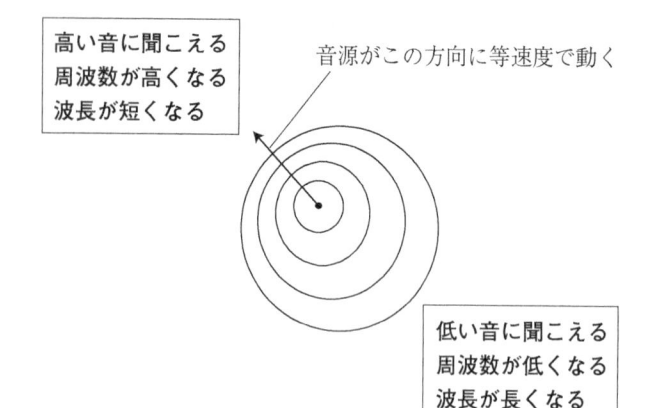

図10-4　ドップラー効果　音源の進行方向では音が高くなり、反対方向では音が低くなる。これは音源の進行方向では波長が短く、つまり周波数が高くなり、反対方向では波長が長く、つまり周波数が低くなるからである。

第10章　量子テレポーテーション

cos成分　　　　　　　　sin成分

変調信号に合わせて
キャリア波のsin成分のみ
振幅を増減させる
‖
周波数変調
FM

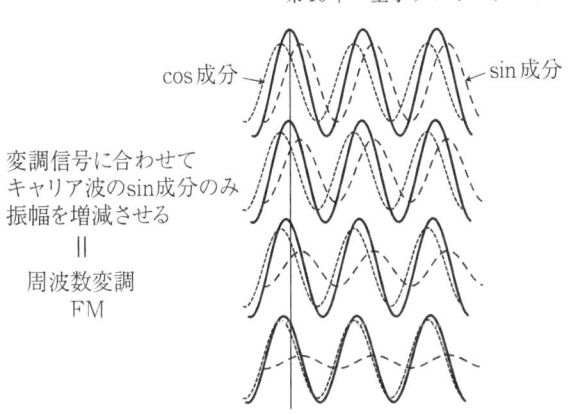

図10-5　FM信号の載せ方　sin成分の大きさが小さくなっていくと、信号全体の位相が遅れていく。これにより、周波数が小さくなる（波長が長くなる）。これによりドップラー効果と同じことが起こる。

4) を理解しなければならない。

　図10-4に示したように、ドップラー効果とは、音源が動いているとき聞こえる音が高くなったり、低くなったりする現象である。もう少し詳しく言うと、音源の進行方向では周波数が高くなり（波長が短くなり）、反対方向では周波数が低くなる（波長が長くなる）現象である。このドップラー効果の原理を用い、電磁波（キャリア波）の周波数を図10-2のように（周波数）変調（大きくしたり小さくしたり）したものをFM信号と呼ぶ。

　さらに、このFM信号はsin成分の振幅変調、つまりsin成分のAM信号とも考えることができる。この説明はかなりトリッキーであるが、以下のようになる。

図10-5のように、電磁波（キャリア波）のsin成分が小さくなっていったとする。そうすると、図10-5から電磁波の位相は遅れていくことがわかる。これは、ちょうどドップラー効果において、音源の進行方向と反対側で音波を聞くと、周波数が低く、つまり波長が長くなっていることに相当する。逆に、sin成分が大きくなっていくと、周波数が高く、つまり波長が短くなっていることに相当する。したがって、電磁波のFM信号は、sin成分のAM信号と考えることもできる。

電気回路に量子効果を考える

　これで準備が整ったので、量子テレポーテーションに話を移そうと思う。実は、量子テレポーテーションとは（特に光を用いたものは）、これらラジオや電気回路の技術を光の周波数の100テラヘルツで行っているだけなのである。ただ、周波数が100テラヘルツもあるため、光子というものを考え、不確定性原理を取り入れなければならないということが、従来の信号処理やコンピューターと大きく異なる点である。

　量子テレポーテーションにおけるAM信号とFM信号について考えよう。AM信号は図10-3で見たように、電磁波（キャリア波）の振幅変調信号だから、電磁波（キャリア波）をcos成分だけからなるもの（sin成分の振幅は常に0）とすると、cos成分の振幅に信号を載せたものと見なすことができる。つまり、早い話、AM信号＝cos成分と見なすことができる。それに対しFM信号は、図10-5

第10章　量子テレポーテーション

で見たように、sin成分の振幅変調信号と見なせるから、電磁波（キャリア波）をcos成分としたときは、FM信号＝sin成分と見なすことができる。

こうすると、今まで述べてきた「量子光学では光のcos成分の振幅とsin成分の振幅は共役物理量である」という関係は、「光のAM信号とFM信号は共役物理量である」という関係になる。したがって、「光のAM信号とFM信号は同時に決めることができない」という不確定性が存在する。さらに、これまで述べてきたように、不確定性原理から光子という光の量子も存在するようになる。

ここまで述べると、ラジオに詳しい人は「AM信号とFM信号は共役物理量で同時に決めることはできない？本当？」と思うことであろう。しかし注意してほしいのは、ラジオで使われるたかだか100ギガヘルツの世界の話ではないことである。ここでの話は、あくまでも光の周波数である100テラヘルツという途方もなく高い周波数の信号の世界での話なのである。

もう少し言えば、周波数が高くなると、測定におけるエネルギーの最小単位＝光子が大きくなり、弱い光では光子数が数個程度になる。そのため、例えばAM信号を得ようとして振幅を測定すると、少なくとも1個の光子を測定の「犠牲」にせざるを得ず、その結果、元々光子数の少なかった光では測定による影響が大きく出る（元々3個しか光子がなかったとしたら測定後は2個になり、全く違う状態になってしまう）。そのため、AM信号を測定すると、FM信号はAM信号を測定する前の値にはなっていない。

さらに光がもっと弱くなり、光子1個しかなくなってく

ると、AM信号を測定すればFM信号は全くの不確定となる。これらが周波数が高くなるとAM信号とFM信号の間に不確定性が生まれてくる理由である。

　また、この説明からわかるように、光が強くなり非常にたくさんの光子を含む場合や、ラジオ波のように周波数が低いため光子のエネルギーが小さく必然的に多数の光子を含む場合は、1個程度の光子の「犠牲」は全体の光にはほとんど影響を与えなくなる。そのため、強い光やラジオ波は古典的波動と考えることができるのである。

ラジオの世界に置き換える?!

　話を光のAM信号やFM信号の測定に進めよう。

　次に浮かんでくるであろう疑問は、このように100テラヘルツという途方もなく高い周波数で動くエレクトロニクスは存在しないので、測定できない世界で何があろうと関係ないではないか？　というものである。

　ただ、この疑問に対する答えはすでに説明しており、ローカルオシレーターとして光を用いたホモダイン測定で可能となる。つまり、光が波であるという特性を用い、式8－2のような増幅を実現でき、さらにローカルオシレーター光の位相を変えれば、光のAM信号もFM信号も測定可能なのである。

　以上のように、光の世界でAM信号とFM信号を考えると、不確定性原理が現れ、量子性が発現する。もちろん、量子性とは光子の存在だけでなく、今まで説明してきた量子エンタングルメントも現れる。

ここで、面白いことは、今まで抽象的に感じられたcos成分やsin成分での話が、現実のラジオの世界（AMラジオ、FMラジオ）の言葉を使って語ることができることである。もちろん、ラジオ波の周波数ではなく、光の周波数での話ではあるが、ラジオ波の周波数が高くなった極限として光があり、そこで量子力学の話を考えることができるようになるのである。この方法により、量子テレポーテーションの話がより身近になってくれることを願う。少なくとも、筆者はこの方法により量子力学ひいては量子テレポーテーションの話が身近になった。

ちなみに、2005年にノーベル物理学賞を受賞されたジョン・ホール先生は、正にこれを体現された方である。つまり、光の話は単に周波数が高くなったラジオの話ぐらいにしか思っておられず、ホール先生のアイデアはすべてラジオから来ていると伺ったことがある。

量子テレポーテーションとは

それではここまで説明したラジオの話を用いて、量子テレポーテーションを説明しよう。まず、量子テレポーテーションとは何であったのか復習する（詳しくは、前著『量子テレポーテーション』を読んでほしい）。

量子テレポーテーションとは、図10-6に示したように、送信者アリスが持っている量子の状態$|\psi\rangle$を、受信者ボブの量子で再現することである。光の周波数でのラジオでいうと、送りたい量子の情報（AM信号x_{in}とFM信号p_{in}）をボブのところで同時に再現することである。ここ

量子テレポーテーション前

アリス $|\psi\rangle$　　AM信号 x_{in}　ボブ
　　　　　　　　FM信号 p_{in}

量子テレポーテーション後

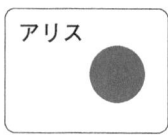

アリス　　　　　ボブ $|\psi\rangle$　AM信号 x_{in}
　　　　　　　　　　　　　　　　　FM信号 p_{in}

図10-6 量子テレポーテーション 送信者アリスが持っている量子の状態 $|\psi\rangle$ を、受信者ボブの量子で再現する。光の周波数でのラジオでいうと、送りたい量子の情報（AM信号 x_{in} とFM信号 p_{in}）をボブのところで同時に再現する。

で、共役物理量であるAM信号とFM信号の情報と量子の状態 $|\psi\rangle$ は等価である。つまり、AM信号とFM信号の情報があれば光ビームの情報をすべて計算できる。

これを量子力学的効果を用いずに行うことが不可能なのは、アリスの持っている量子の状態を測定により直接決めようとしても、不確定性原理から1つの量子では1つの物理量しか（例えばAM信号 x_{in} だけしか）正確に決めることができず、したがってその状態の完全な情報を得られないからである。アリス側で不完全な情報しか得られなければ、ボブ側でそれを再現しようがない。

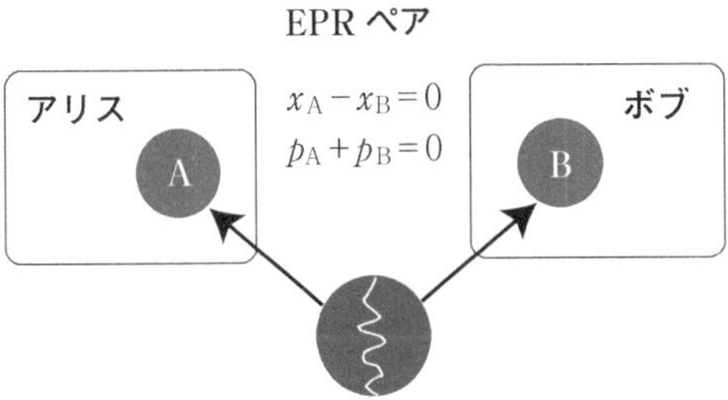

第10章　量子テレポーテーション

EPRペア

図10-7　EPRペアの生成

　量子テレポーテーションを可能にするのは、これまでに再三説明してきた量子エンタングルメントあるいはEPRペアである。光の周波数で動いているラジオでは、EPRペアになっている光ビームAと光ビームBでは、AM信号xとFM信号pの間に、

$$x_A - x_B = 0$$
$$p_A + p_B = 0$$
　　　　　　　（式10－1）

の関係がある（図6－1、図10－7）。この関係を持つ2つの光ビームA、Bをアリス、ボブがそれぞれ持つ。

　次に、アリスは送りたい状態にある光ビームinとEPRペアの片割れである光ビームAをハーフビームスプリッターで合わせて、その2つの出射ビームのそれぞれでAM信号とFM信号を測定する。その測定結果をそれぞれX, Pとすると、

合わせてから、2つの光ビームでそれぞれAM信号とFM信号を測定

$x_{in} - x_A = X$
$p_{in} + p_A = P$

EPRペア

アリス
in　A

$x_A - x_B = 0$
$p_A + p_B = 0$

ボブ
B

測定により元の状態から変化

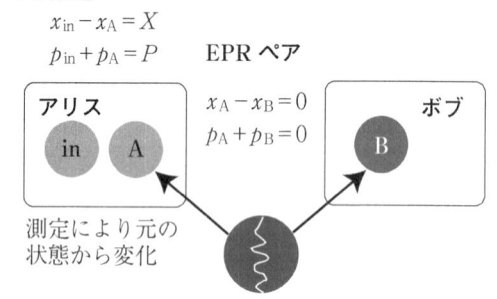

図10-8　光ビームinと光ビームAの測定　アリスは送りたい状態にある光ビームinとEPRペアの片割れである光ビームAをハーフビームスプリッターで合わせて、その2つの出射ビームのそれぞれでAM信号とFM信号を測定する。もちろん、測定されると光ビームinと光ビームAの状態（AM信号、FM信号）は変化してしまう。

$$x_{in} - x_A = X$$
$$p_{in} + p_A = P$$
（式10 − 2）

となる（図10 − 8）。ここで、x_{in}、p_{in}はそれぞれ光ビームinのAM信号、FM信号である。

また、式10 − 2でAM信号は和になるのに対し、FM信号が差になるのは、何回か説明したように1つだけ固定端反射になるためである（正確には全体を$\sqrt{2}$で割らなけれ

第10章　量子テレポーテーション

ばならないが省略している)。もちろん、測定されると光ビームinと光ビームAの状態（AM信号、FM信号）は変化してしまう。

注意したいことがある。

式10－1と式10－2を比べればすぐにわかるが、式10－2は光ビームinと光ビームAがエンタングルしていることを示している。量子エンタングルメントとは、2つの量子（系）で、2つの量子（系）にまたがった物理量が2つ決まった状態であったから、ある意味当たり前である。したがって、今まではっきりとは言ってこなかったが、量子エンタングルメントをつくるには、このような方法もあったのである。アリスの行っている測定はベル測定と呼ばれ、2つの量子（系）をエンタングルさせる測定である。

式10－2は次のように変形できる。

$$x_B = x_{in} - X - x_A + x_B$$
$$p_B = p_{in} - P + p_A + p_B$$
（式10－3）

両辺にx_Bまたはp_Bを加えただけである。その結果、図10－9のように、ボブの持つ光ビームBのAM信号とFM信号を光ビームinと光ビームAおよび測定値のAM信号とFM信号で表すことができる。

ここで、図10－10のように、EPRペアの関係（式10－1）を用いると、式10　3は

$$x_B = x_{in} - X$$
$$p_B = p_{in} - P$$
（式10－4）

165

合わせてから、2つの光ビームでそれぞれAM信号とFM信号を測定

$x_{in} - x_A = X$
$p_{in} + p_A = P$

式変形 →

$x_B = x_{in} - X - (x_A - x_B)$
$p_B = p_{in} - P + (p_A + p_B)$

EPRペア
$x_A - x_B = 0$
$p_A + p_B = 0$

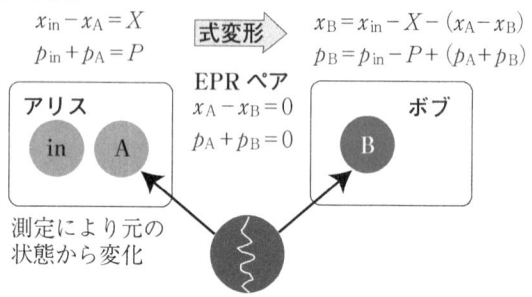

アリス（in、A）　ボブ（B）

測定により元の状態から変化

図10-9　式10-2の式変形　その結果、ボブの持つ光ビームBのAM信号とFM信号を光ビームinと光ビームAおよび測定値のAM信号とFM信号で表すことができる。

となり、さらにアリスから測定結果X、Pを聞いて、それに基づいて光ビームBにXだけAM変調（cos成分にXを加える）およびPだけFM変調（sin成分にPを加える）を行えば、X、Pもキャンセルすることができる。

その結果、

$x_B = x_{in}$
$p_B = p_{in}$　　　（式10-5）

となり、ボブの持つ光ビームBのAM信号とFM信号が、送りたかった量子状態にあった光ビームinのそれらと同

合わせてから、2つの光ビームでそれぞれAM信号とFM信号を測定

$x_{in} - x_A = X$
$p_{in} + p_A = P$

アリスから測定値を聞いてキャンセル可能

式変形 →

$x_B = x_{in} - X - (x_A - x_B)$
$p_B = p_{in} - P + (p_A + p_B)$

$= 0$
$= 0$
EPRペアだから

EPRペア
$x_A - x_B = 0$
$p_A + p_B = 0$

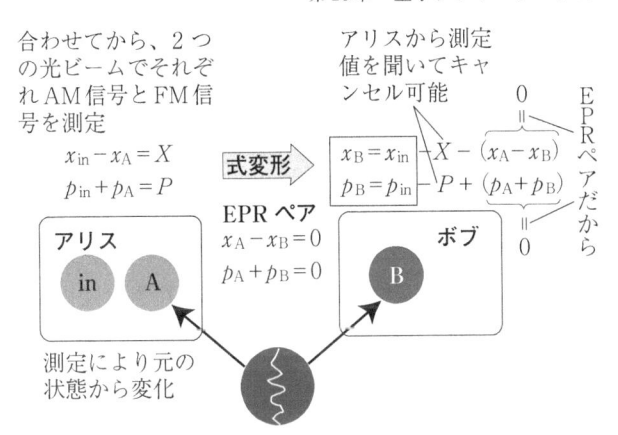

アリス in A

ボブ B

測定により元の状態から変化

図10-10 量子テレポーテーションの完了 EPRペアの関係（式10-1）とアリスから測定結果を聞くことにより、ボブは光ビームinのAM信号とFM信号を再現できる。つまり量子テレポーテーション完了である。

じになる。つまり、量子テレポーテーション完了である。

もう少し現実に即していえば、EPRペアの関係（式10-1）を用いて光ビームAの信号を消し、アリスの測定結果を聞いてX, Pをキャンセルする部分は、アリスからの情報に基づいてボブが光ビームBを変調しているときに同時進行で起きていると考えられる。

基本は量子の波動としての性質

以上のように、量子エンタングルメントを使えば、量子力学的効果を使わない古典的な方法では不可能であった量

子テレポーテーションを実現できる。

これらを実現する方法について述べよう。

第7章、第8章で示したように、量子光学の方法を用いて量子エンタングルメントを生成できるから、それを用いて量子テレポーテーション実験が可能となる。量子テレポーテーション実験図を図10-11に示した。

図10-10と図10-11を比べながら説明しよう。まず、図8-5に示した量子エンタングルメント生成の部分で、量子テレポーテーションに必要な量子エンタングルメントが生成される。これは、図7-12で説明したように、2つのスクイーズド光を4分の1波長分だけ位相をずらしてハーフビームスプリッターで合波することにより達成される。また、式10-2のベル測定、つまり光ビームinと光ビームAをハーフビームスプリッターで合わせてAM信号とFM信号を測定する部分は、図10-11にアリスとして実線で囲んだハーフビームスプリッターと2つのホモダイン測定器により構成される。片方でAM信号（cos成分）、もう片方でFM信号（sin成分）を測定し、測定値X、Pを得る。

ただし、これは式10-2のようになるが、AM信号は和になるのに対し、FM信号が差になるのは、先に説明したように、1つだけ固定端反射になるためである。

最後に、ボブがアリスからの情報（電気信号）に基づいてAM変調およびFM変調を加えるのも上で説明したとおりである。これで量子テレポーテーション完了である。実際の実験では、さらに出力された光の状態を調べて量子テレポーテーションの検証を行う必要があるが、それは複雑

第10章　量子テレポーテーション

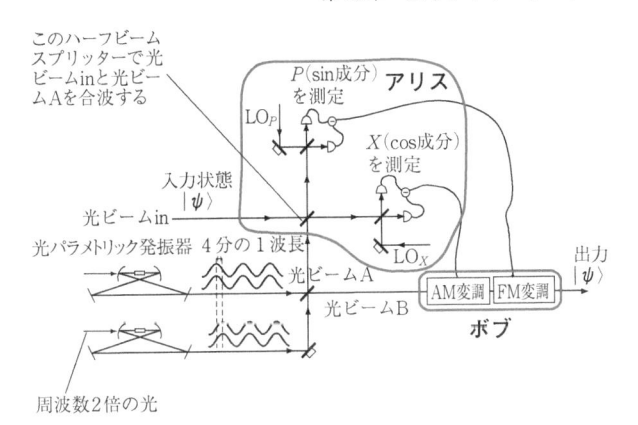

図中のラベル:
- このハーフビームスプリッターで光ビームinと光ビームAを合波する
- P(sin成分)を測定
- LO_P
- アリス
- X(cos成分)を測定
- 入力状態 $|\psi\rangle$
- 光ビームin
- 光パラメトリック発振器
- 4分の1波長
- 光ビームA
- 光ビームB
- LO_X
- AM変調　FM変調
- 出力 $|\psi\rangle$
- ボブ
- 周波数2倍の光

図10-11　量子テレポーテーションの実験図　図8-5に示した量子エンタングルメント生成の部分がそのまま用いられている。

な話なのでここではしない。

この実験セットアップの実際の写真は図8-7に示してある。といっても、光パラメトリック発振器以外、ごちゃごちゃで説明のしようもないが……。

このように、量子テレポーテーションは、光の周波数でのラジオ実験（電波の実験）として説明できる。つまり、ここでも基本になっているのは量子の波動としての性質であり、ほとんどそれで説明できる。もちろん、量子力学の基本的な性質である不確定性原理が入っているから、単なる古典的波動だけでは説明できない。量子の粒子的性質の「おまけ」も忘れてはならない。

量子テレポーテーションとしては、ラジオの延長であるという、この章での例以外に、原子やイオンのスピンや単

一光子の偏光を用いたものもあるので、それについてはぜひ筆者の前作『量子テレポーテーション』を読んでほしい。ただ、基本概念は同じであるが。

第11章
多量子間エンタングルメントと量子エラーコレクション実験

あらゆる現象にエラーは潜む

　前章では、ある物理系で量子コンピューターをつくれるかどうかの判断基準、最も簡単な入出力が等しい恒等演算の量子コンピューターと考えられ、2量子間での量子エンタングルメントの応用でもある量子テレポーテーションについて述べた。

　この章では、今まで話してきた2量子間での量子エンタングルメントを拡張し、多量子間エンタングルメント、特に9量子間での量子エンタングルメントについて述べる。ただ、それが何に使えるか知らないと面白くないので、ここでは多量子間エンタングルメントの応用として、量子エラーコレクション実験について述べる。

　前章では、ラジオの延長として、つまり量子の波動像を用いて、量子テレポーテーションを説明した。この方法は、21世紀に入り、光通信技術の進歩とともに格段に進歩しつつある。特に、従来の光通信が光のAM信号を用いているのに対し、次世代光通信として、光のFM信号に情報を載せる、いわゆる「コヒーレント光通信」が注目されている昨今、将来の超大容量光通信のキーテクノロジーとして波動像を用いた量子テレポーテーションの重要度は増している。

　この章では、さらに話を進め、前章で説明した量子テレポーテーションのテクノロジー、特に量子エンタングルメントに関するテクノロジーが、量子コンピューターを実現する上で絶対に必要になる量子エラーコレクションにおい

第11章 多量子間エンタングルメントと量子エラーコレクション実験

ても重要であることについて述べる。

　現在のコンピューターあるいはすべての情報通信機器では、エラーコレクションというものを行っている。例えば、電卓をたたいて、イチ足すイチ（1 + 1）を計算させても二（2）以外の答えを得ることはない。当たり前のような気がするが、案外そうでもない。何故なら、100％の成功確率で起こる物理現象など存在しないからである。つまり、非常に小さいが2以外の答えを出す確率は常に存在する。

　それでも我々のコンピューターの中では、何億回あるいはそれ以上のイチ足すイチを繰り返していても、決して間違えることはない。どうしてであろうか？　それはエラーコレクションを行っているからである。例えば、イチという情報を1つの1で表現するのではなく、111のように3つの1で表現すれば、たとえ何かの拍子にそのうちの1つが0になって101になっても、多数決によりこれはイチであると判断できる。もちろん、エラーの起こる確率は十分に低くなければならない。

　いずれにしても、ここでのエッセンスは、計算後の値を測定して多数決を採るということである。しかし、量子コンピューターの場合はとても困ったことになる。それは、量子コンピューターでは計算の途中は重ね合わせ状態になっており、途中で測定を行うとそれが壊れてしまうからである。そのため、エラーコレクションは行えないので、量子コンピューターなどそもそもできないのではないかという主張まで過去にはあった。

量子エラーコレクションは可能か？

それに対し、量子エラーコレクションは可能であることが理論的に示され、原理的には量子コンピューターは実現可能であることになっている。ここでもやはり、前章まで説明してきた量子エンタングルメントの性質を用いる。したがって、普通のコンピューターとは全く違ったタイプのエラーコレクションを行う。

そのエッセンスは、エラーから守りたい量子（情報）を補助的な入力とエンタングルさせ、補助的な入力のみを測定することにより（エラーシンドローム測定）、エラーの場所と程度を知るというものである。つまり、エラーから守りたい量子（情報）そのものを測定することなく、量子エンタングルメントを用いてエラーの情報のみを抜き出すのである。測定されなければ、守りたい量子（情報）は壊れない。

それでは背景について説明したので、本題に移ろう。

量子エラーコレクションでは、9つの量子（系）での量子エンタングルメントを用いる。今まで、2つの量子（系）での量子エンタングルメントしか話してこなかったのに、突然9つに飛躍して申し訳ない。ちょっと申し訳なさすぎるので、とりあえず3つの量子（系）がエンタングルしている場合を考える。

復習であるが、2つの量子（系）での量子エンタングルメントとは、2つの量子（系）にまたがった物理量2つが決まった状態であった。もちろん、不確定性原理が禁止し

第11章 多量子間エンタングルメントと量子エラーコレクション実験

ているのは、2つの量子（系）で3つ以上の物理量を同時に決めることだから、この状態は不確定性原理に何ら反していない。この考え方を拡張すると、3つの量子（系）の場合は、2つ以上の量子（系）にまたがった物理量が、3つ確定している状態である。

例えば、x、pを位置と運動量、あるいはcos成分とsin成分、あるいはAM成分とFM成分としたとき、以下の3つの物理量が確定しているとき（ここでは0に確定している）、量子A、B、Cが3つでエンタングルしている。

$x_A - x_B = 0$
$x_B - x_C = 0$ 　　　　　　（式11 - 1）
$p_A + p_B + p_C = 0$

これらは、$x_A - x_B$を量子Aと量子Bの相対位置、$x_B - x_C$を量子Bと量子Cの相対位置、$p_A + p_B + p_C$を量子Aと量子Bと量子Cの合計運動量などと解釈して良い。つまり、量子Aと量子Bの相対位置と量子Bと量子Cの相対位置と、量子Aと量子Bと量子Cの合計運動量が決まっている状態である。

この状態は、提案者にちなんで、グリーンバーガー・ホーン・ザイリンガー（GHZ）状態と呼ばれており、1つの量子を2つに割ってEPRペアを生成したように（図6 - 1）、1つの量子を3つに割ることで生成できる（図11 - 1）。また、この状態では、3つの量子（系）のうち、2つの量子（系）で運動量pを測定すると、残りの1つの量子（系）の運動量は測定しなくてもわかるという関係になっ

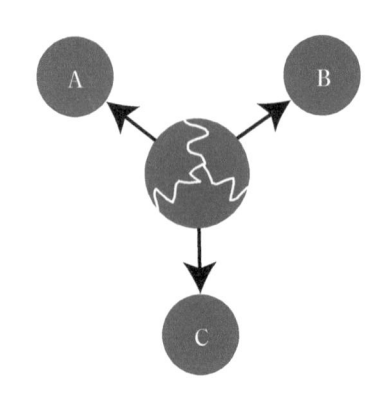

図11-1 GHZ状態の生成 1つの量子を3つに割ってGHZ状態を生成する。

ている。

9量子間エンタングルメント

　量子エラーコレクションでは、この考えをさらに拡張し、9つの量子（系）で以下に示す8つの物理量が決まっている9量子間エンタングルメントを用いる（この場合も8つの物理量はすべて0に決まっている）。ただし、この9量子間エンタングルメントは、9つの量子（系）で8つの物理量しか決めていないので、EPRペアやGHZ状態に比べ、少し緩い量子エンタングルメントとなっている。

　もちろん、例によって、x、pを位置と運動量、あるいはcos成分とsin成分、あるいはAM成分とFM成分と考える。

第11章 多量子間エンタングルメントと量子エラーコレクション実験

$2(x_1 + x_2 + x_3) - (x_4 + x_5 + x_6) - (x_7 + x_8 + x_9) = 0$
（検出器1）

$2p_1 - (p_2 + p_3) = 0$ （検出器2）

$p_2 - p_3 = 0$ （検出器3）

$(x_4 + x_5 + x_6) - (x_7 + x_8 + x_9) = 0$ （検出器4）（式11 - 2）

$2p_4 - (p_5 + p_6) = 0$ （検出器5）

$p_5 - p_6 = 0$ （検出器6）

$2p_7 - (p_8 + p_9) = 0$ （検出器7）

$p_8 - p_9 = 0$ （検出器8）

　これらの物理量は、例えば$p_2 - p_3$は量子2と量子3の運動量の差などとなる（他は適当に読んでほしい）。また、検出器については後で説明する（図11 - 2参照）。

　量子エラーコレクションでは、守りたい量子（系）inの情報、つまりx_{in}とp_{in}を量子1から量子9までに均等に詰める。

　この様子は、古典的エラーコレクションで、1を物理的に表現するのに、3つの1を使って111にしたようなものである。もちろん、ここではその3倍の9つを使うことに相当しているが。

　もう少し詳しく言うと、すべての量子で$x_i = x_{in} + N_x$, $p_i = p_{in} + N_p$ （$i = 1, 2, \cdots, 9$）とする。つまり、

$$x_1 = x_{in} + N_x, \quad p_1 = p_{in} + N_p$$
$$x_2 = x_{in} + N_x, \quad p_2 = p_{in} + N_p$$
$$x_3 = x_{in} + N_x, \quad p_3 = p_{in} + N_p$$
$$x_4 = x_{in} + N_x, \quad p_4 = p_{in} + N_p$$
$$x_5 = x_{in} + N_x, \quad p_5 = p_{in} + N_p \quad (式11-3)$$
$$x_6 = x_{in} + N_x, \quad p_6 = p_{in} + N_p$$
$$x_7 = x_{in} + N_x, \quad p_7 = p_{in} + N_p$$
$$x_8 = x_{in} + N_x, \quad p_8 = p_{in} + N_p$$
$$x_9 = x_{in} + N_x, \quad p_9 = p_{in} + N_p$$

とする。ここで、N_x、N_pは、すべての量子に共通する大きなノイズである。

こうしておけば、式11-2で示した物理量がすべて0になることがわかる。したがって、このノイズが量子エンタングルメントそのものとなっている。

エラーはこの9つの量子のうち、1つだけに起きるとする。例えば、量子1にエラーが起きたとしよう。すると、量子1の状態は

$$x_1 \rightarrow x_1 + E_x$$
$$p_1 \rightarrow p_1 + E_p \quad (式11-4)$$

となる。

このとき、式11-2で示したすべての物理量を測定すると、$2(x_1 + x_2 + x_3) - (x_4 + x_5 + x_6) - (x_7 + x_8 + x_9)$ と $2p_1 - (p_2 + p_3)$ のみ0でなく、それぞれ$2E_x$、$2E_p$となる。したがって、これらの測定により守りたい量子の情報を引き出

第11章　多量子間エンタングルメントと量子エラーコレクション実験

すことなく、エラーの情報のみを得たことになる。

　つまり、式11－2で示された量子エンタングルメントを用いてエラーの情報のみ抜き出すことができる。

　同様に、他の量子にエラーがあった場合でも、それが1つの量子のみで起きたのであれば（同時に2つの量子にエラーがなければ）、式11－2に示した8つの物理量を測定することにより、守りたい量子の情報を抜き出すことなく、エラーについて知ることができる（読者は実際にやってみてほしい）。

　ここでもう1つ「美味しい」ことがある。それは、9つの量子において8つの物理量を測定するだけなので、上手くやれば1つの量子だけ無傷、つまり測定にかけないで済む。測定にかけなければ、その量子の状態は重ね合わせの状態を保っており、さらに入力の情報もそこに残っているので、エラーの情報さえ得られれば、簡単な操作（量子テレポーテーション実験のようにAM変調、FM変調）により入力の量子状態に戻すことができる。

　もちろん、すべてを測定にかけていればこのようなことは不可能である。古典情報のみから量子状態（重ね合わせの状態）など生成できないし、いわんやエラーの情報だけでは入力の状態を再生する手がかりすらない。

　量子エラーコレクションの仕上げでは測定にかからなかった量子に対し、式11－2に示した8つの物理量の測定により得られたエラーの情報を用いて、コレクションを行う。

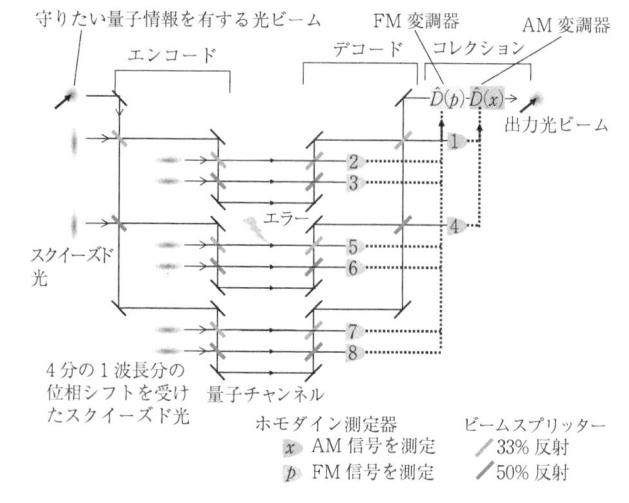

図11-2 量子エラーコレクション実験の概念図

量子エラーコレクション実験

ここからは筆者らが行っている量子エラーコレクション実験について述べる。

筆者らはここまでに説明した量子エラーコレクション実験を、量子光学を用いて実現している。実験概念図を図11－2に、実際の実験配置図を図11－3に示す。

実験のおおよそを説明しよう。まず、図11－2の「デコード」と書かれている部分で、守りたい量子の情報x_{in}、p_{in}（それぞれAM信号、FM信号として持つ光ビーム）を、8つのスクイーズド光と、ビームスプリッターを用い

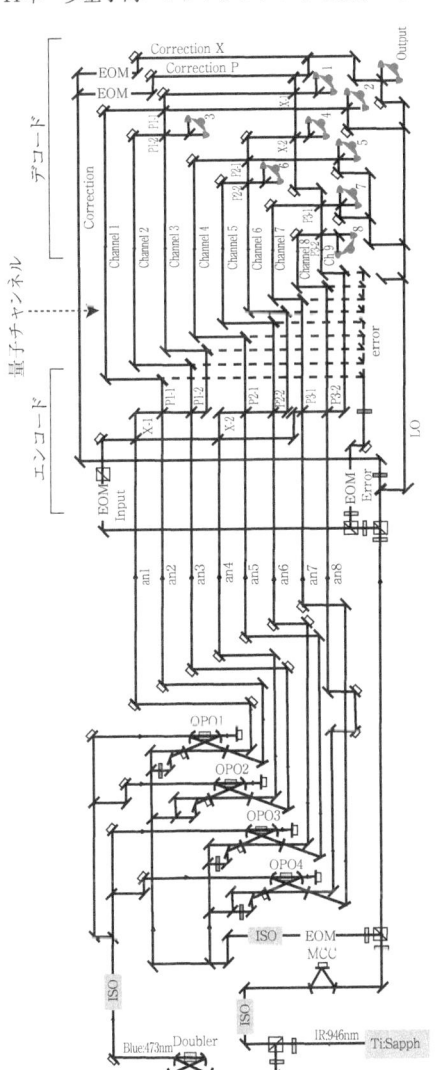

第11章　多量子間エンタングルメントと量子エラーコレクション実験

図11-3　量子エラーコレクションの実験配置図　かなりごちゃごちゃしているので、雰囲気を感じてもらえればそれでよい。ただし、OPOは光パラメトリック発振器のことであるが、ここでは諸事情により、1つの光パラメトリック発振器から独立した2つのスクイーズド光を生成している。

て混ぜ合わせる。このとき、スクイーズド光は、適宜4分の1波長分の位相シフトを受けている。

その結果、図7-12と同様な効果により、AM信号、FM信号の間で式11-2を満たすエンタングルした9つの光ビームが生成される（図11-2の「量子チャンネル」）。

ここで、EPRペアでは、式7-2のように、光ビームAで光子がn個であることが観測されれば、光ビームBでは光子数を測定しなくてもn個であることがわかるという関係があった。光子数nに制限はないから、2つの光ビームの間に関係はあるが、個々に測定したら非常に大きなノイズ（光子が0から無限大まで均等な確率で存在している、つまり完全なランダムである）となっている。

実は、図11-2のビームスプリッター後の9つの光ビームでも同様な状態になっており、正に式11-3に示したように、それぞれの光ビームのAM信号、FM信号の中に、共通の大きなノイズN_x、N_pが導入される。

逆に、このノイズが9つの光ビーム間の量子エンタングルメントそのものともいえる。もちろん、式11-3に示したように、守りたい量子の情報であるx_{in}、p_{in}も9つの光ビームの中に等しく詰め込まれている。

図11-2の「量子チャンネル」では、9つある光ビームのうち、1つの光ビームだけに「エラー」が起こる。エラーは何でも良く、例えば光ビームをブロックしてしまったり、光路長を変えて位相を変化させても何でも良い。ここで、エラーは2つの光ビームには起きないことにする。元々この程度に低い確率でしかエラーが起きない場合にのみ、この方法が有効になる。

第11章　多量子間エンタングルメントと量子エラーコレクション実験

　量子チャンネルの次は、デコードと呼ばれるエンコードと逆の変換、つまりエンコードと鏡像対称なかたちのビームスプリッター群に量子チャンネルの9つの光ビームが通される。さらに8つのホモダイン検出器（検出器1～8）で測定が行われる。この測定では、それぞれの検出器で、式11－2にある8つの物理量（AM信号、FM信号の和や差）を測定することになる。

　その結果、前に説明したように、守りたい量子の情報を得ることなく、エラーの情報E_x, E_pのみ得ることができる。最後に図11－2の「コレクション」とあるところで、エラーの情報に基づいてAM変調およびFM変調を行えば、守りたかった量子の情報x_{in}, p_{in}をAM信号、FM信号として有する光ビームが得られる。

　筆者らは2009年、この実験を行い成功させた。図11－3は実際の実験配置図である。一目見ただけで非常に複雑であることがわかる。何でここまで複雑になるのかというと、光を変調したり、ビームスプリッターで2つの光を干渉させたり、スクイーズド光を生成し位相を4分の1波長分だけずらすなどということは、「言うは易し、行うは難し」の典型だからであり、多くの光学的仕掛けや電気的仕掛けが必要だからである。

　さらに、図11－4はこの実験セットアップの写真である。かなりごちゃごちゃしていて、詳細については説明できないが、大がかりな実験であることを感じてもらえれば良い。ちなみに、この実験のセットアップを完成させるのに足かけ3年かかった。また、これも前述したNHK『プロフェッショナル－仕事の流儀』に出ている（高橋剛君と

図11-4 量子エラーコレクション実験の写真 これもかなりごちゃごちゃしているので、雰囲気を感じてもらえればそれでよい。丸で囲んであるのは光パラメトリック発振器（OPO）を示す。

いう当時の学生が悩みながら問題を解決していく部分である)。

また、ミラーが大量にある理由の説明を、筆者が実際の光学系で説明したとき、アナウンサーの住吉美紀さんが「よくわかった」と言ってくださったのは非常に励みになった（お世辞かもしれないが)。したがって、この実験装置が動いている様子もぜひ動画で見てほしい。

脱線したついでにもう少し言うと、量子テレポーテーションと量子エラーコレクションの実験の実際を見てもらってわかったと思うが、現在の量子コンピューターの研究

第11章　多量子間エンタングルメントと量子エラーコレクション実験

は、非常に大きな装置を使い、とても「他愛もないこと」を行っているレベルである。つまり原理検証の段階である。現在のコンピューターの歴史を紐解けばわかるように、今のコンピューター研究でも初めはリレースイッチを用い体育館のような大きな部屋で他愛もない計算をしていたのである。

それがトランジスターが発明され、ICが発明され、LSI、VLSIとなって現在に至っている。そう考えると、現在の量子コンピューター研究は「体育館世代」と言えると思う。近い将来（いつとは言えないが）、トランジスターの発明に相当するようなことが起き、似たように発展していくと思われる。悲観的に考えると前には進めないが、楽観的に考えれば前途洋々といったところであろうか？『国家の品格』で有名な藤原正彦先生によれば、楽観的ということも才能の1つだそうである。

量子コンピューターの本質

最後にこの章のまとめをしよう。

この章では、いままで説明してきた2つの量子（系）における量子エンタングルメントを拡張し、多量子間での量子エンタングルメントについて、その応用である量子エラーコレクションを含めて説明してきた。

重要なことは、多量子間の量子エンタングルメントとは、与えられた量子（系）の数までの物理量が決まっている状態であり、さらにその物理量は、2つ以上の量子（系）にまたがったものでなければならないことである。

もちろん、このような状態は不確定性原理に矛盾しない。つまり、量子力学的に存在が許された状態なのである。

　量子エラーコレクションに用いる量子エンタングルメントのところで、少しだけ量子エンタングルメントの「ゆるさ」について述べた。9つの量子（系）において8つの物理量が決まっている場合であった。実は、このように量子エンタングルメントの「ゆるさ」あるいは「強さ」が現れるのは、量子（系）3つ以上の場合のみである。2つの量子（系）の場合にはこのようなものはない。つまり、2つの量子（系）の場合には、エンタングルしているかしていないかしかない。

　一般的に言って、3つ以上量子（系）があるとき、存在する数だけ物理量（もちろん2つ以上の量子にまたがった物理量）を決めた場合に、最も量子エンタングルメントが強くなる。ただし、その手の話はまだ研究が始まったばかりで、プロの我々でもよくわかっていない。ぜひ若い読者諸君の中から、これを解明してくれる人が現れることを期待している。

　さらに言うと、この多量子間エンタングルメントこそが、量子コンピューターの本質であり、量子コンピューターが現在のコンピューターより高速になる拠り所である。すぐ前で触れたように、多量子間エンタングルメントについてはまだよくわかっていない。だから、量子コンピューターについてもわかっていないことが多い。したがって、本書を読んで、若い人たちがこの分野に参入してくれることを願って止まない。

　そうすれば、「はじめに」に書いた、我々の「おまんま

第11章　多量子間エンタングルメントと量子エラーコレクション実験

の食い上げ」も防ぐことができると思っている。

おわりに

　ここまで、量子力学の基礎からその応用である量子テレポーテーション、量子エラーコレクションまで、量子エンタングルメント（量子もつれ）を中心に据えて筆者の経験を中心に述べてきた。そのようにした理由は、量子力学は普通の生活からはかけ離れた世界の話で、万人にとって理解しがたいため、「生身」の筆者らがテーブルトップで行っていることを見せることにより、少しでもギャップを埋めようと考えたからである。

　この本の読者が筆者らの行っていることを臨場感を持って感じてもらえたら、大成功だと言えると思う。「はじめに」で書いたように、最近の物理離れは非常に深刻である。この本が少しでもそれを緩和することができれば望外の幸せである。

　最後に、前作『量子テレポーテーション』でも大変お世話になった、講談社ブルーバックス出版部の小澤久氏に感謝したい。

　　　2011年1月　　　　　　　　　　　　　　　　　　著者

さくいん

〈欧文〉

AM信号	155
AM変調	166
ARコート	124
EPRのパラドックス	70
EPRペア	73, 75, 91, 101, 118, 135, 163
FM信号	155
FM変調	166
GHZ状態	175
h	23
λ	23

〈あ行〉

アインシュタイン	13, 20, 70, 72
アインシュタイン・ポドルスキー・ローゼンのパラドックス	70
アンチフォトン	51
位相	36, 44, 49
位相整合	101, 114
位相調節	136
位置エネルギー	36, 47
運動エネルギー	36, 47
運動量保存則	23
演算子	26

〈か行〉

回折限界	21
重ね合わせ	131
重ね合わせ状態	85
重ね合わせの原理	29
キャリア波	154, 158
共鳴条件	92
共役物理量	34, 159, 162
行列力学	26
ギャンブル	117
屈折率	96, 124
グリーンバーガー・ホーン・ザイリンガー状態	175
原子核	58
交換関係	26
光子	15, 51
光子の粒子化	145
光電効果	20, 65
光量子仮説	24
固定端反射	124
古典力学	27
コヒーレント光通信	172

〈さ行〉

作用・反作用	23
三角関数	44
思考実験	12
自然放出	59, 61
自由端反射	124
ショットノイズ	66
真空場	67, 104
振幅	49
スクイーズド光	106, 110, 114, 118, 148, 151

零点エネルギー	38, 67	非線形	112
零点振動	38, 59, 104	不確定性原理	26, 34, 75, 85, 94, 158
相対位相	80	2つの量子（系）	85
相対性理論	72	プランクの定数	23

〈た行〉

多量子間エンタングルメント	172, 185	振り子	34
単一光子状態	149	ボーア	13, 72
デコード	183	ポアソン分布	41
デジタイジングエラー	66	ホモダイン測定	137
電気回路	112	ポンプ光	101, 103, 114
電子	58		
電磁波	44, 103, 154, 158		

〈ま・や行〉

電磁誘導	58, 97, 103	モデル	14
電場	44	誘導放出	61
ドップラー効果	155	ゆらぎ	51, 104

〈な・は行〉

〈ら行〉

ナノテクノロジー	24	量子エラーコレクション	172, 176, 186
ニュートン力学	27	量子エンタングルメント	70, 73, 85, 131, 135, 163, 186
ハイゼンベルク	26		
波束の収縮	16	量子化	15, 20, 34, 44
ハーフビームスプリッター	63, 120, 168	量子光学	14, 144, 168
		量子コンピューター	82, 172
反射増強コート	124	量子状態	15
反射防止コート	124	量子チャンネル	182
反転分布	60	量子テレポーテーション	161
光	44	量子の情報	161
光の波長	23	量子もつれ	70
光の量子化	44	量子ゆらぎ	66
光パラメトリック過程	105, 114	レーザー光線	58
光パラメトリック発振器	114, 136, 151	レーザー発振	60
		ローカルオシレーター光	136

N.D.C.421.3　　190p　　18cm

ブルーバックス　B-1715

量子もつれとは何か
「不確定性原理」と複数の量子を扱う量子力学

2011年2月20日　　第1刷発行
2025年3月19日　　第7刷発行

著者	古澤　明（ふるさわ　あきら）
発行者	篠木和久
発行所	株式会社講談社
	〒112-8001 東京都文京区音羽2-12-21
電話	出版　　03-5395-3524
	販売　　03-5395-5817
	業務　　03-5395-3615
印刷所	(本文表紙印刷) 株式会社KPSプロダクツ
	(カバー印刷) 信毎書籍印刷株式会社
本文データ制作	講談社デジタル製作
製本所	株式会社KPSプロダクツ

定価はカバーに表示してあります。
©古澤　明　2011, Printed in Japan
落丁本・乱丁本は購入書店名を明記のうえ、小社業務宛にお送りください。
送料小社負担にてお取替えします。なお、この本についてのお問い合わせは、ブルーバックス宛にお願いいたします。
本書のコピー、スキャン、デジタル化等の無断複製は著作権法上での例外を除き禁じられています。本書を代行業者等の第三者に依頼してスキャンやデジタル化することはたとえ個人や家庭内の利用でも著作権法違反です。

ISBN978-4-06-257715-1

発刊のことば

科学をあなたのポケットに

二十世紀最大の特色は、それが科学時代であるということです。科学は日に日に進歩を続け、止まるところを知りません。ひと昔前の夢物語もどんどん現実化しており、今やわれわれの生活のすべてが、科学によってゆり動かされているといっても過言ではないでしょう。

そのような背景を考えれば、学者や学生はもちろん、産業人も、セールスマンも、ジャーナリストも、家庭の主婦も、みんなが科学を知らなければ、時代の流れに逆らうことになるでしょう。

ブルーバックス発刊の意義と必然性はそこにあります。このシリーズは、読む人に科学的に物を考える習慣と、科学的に物を見る目を養っていただくことを最大の目標にしています。そのためには、単に原理や法則の解説に終始するのではなくて、政治や経済など、社会科学や人文科学にも関連させて、広い視野から問題を追究していきます。科学はむずかしいという先入観を改める表現と構成、それも類書にないブルーバックスの特色であると信じます。

一九六三年九月

野間省一